精品蔬菜生产技术丛书

甘蓝类精品蔬菜

（第二版）

戴忠良　潘跃平　编著

江苏凤凰科学技术出版社 · 南京

图书在版编目（CIP）数据

甘蓝类精品蔬菜 / 戴忠良等编著. — 2版. — 南京：江苏凤凰科学技术出版社, 2023.3

（精品蔬菜生产技术丛书）

ISBN 978-7-5713-3086-6

Ⅰ. ①甘… Ⅱ. ①戴… Ⅲ. ①甘蓝类蔬菜－蔬菜园艺 Ⅳ. ①S635

中国版本图书馆CIP数据核字(2022)第138540号

精品蔬菜生产技术丛书

甘蓝类精品蔬菜

编　　著	戴忠良　潘跃平
责任编辑	严　琪　张小平
责任校对	仲　敏
责任监制	刘文洋
出版发行	江苏凤凰科学技术出版社
出版社地址	南京市湖南路1号A楼，邮编：210009
出版社网址	http://www.pspress.cn
照　　排	江苏凤凰制版有限公司
印　　刷	南京新世纪联盟印务有限公司
开　　本	880 mm × 1 240 mm　1/32
印　　张	5.5
字　　数	160 000
版　　次	2023年3月第2版
印　　次	2023年3月第1次印刷
标准书号	ISBN 978-7-5713-3086-6
定　　价	35.00元

图书如有印装质量问题，可随时向我社印务部调换。

致读者

社会主义的根本任务是发展生产力，而社会生产力的发展必须依靠科学技术。当今世界已进入新科技革命的时代，科学技术的进步已成为经济发展，社会进步和国家富强的决定因素，也是实现我国社会主义现代化的关键。

科技出版工作肩负着促进科技进步，推动科学技术转化为生产力的历史使命。为了更好地贯彻党中央提出的“把经济建设转到依靠科技进步和提高劳动者素质的轨道上来”的战略决策，进一步落实中共江苏省委，江苏省人民政府作出的“科教兴省”的决定，江苏凤凰科学技术出版社有限公司(原江苏科学技术出版社)于1988年倡议筹建江苏省科技著作出版基金。在江苏省人民政府、江苏省委宣传部、江苏省科学技术厅(原江苏省科学技术委员会)、江苏省新闻出版局负责同志和有关单位的大力支持下，经江苏省人民政府批准，由江苏省科学技术厅(原江苏省科学技术委员会)、凤凰出版传媒集团(原江苏省出版总社)和江苏凤凰科学技术出版社有限公司(原江苏科学技术出版社)共同筹集,于1990年正式建立了“江苏省金陵科技著作出版基金”，用于资助自然科学范围内符合条件的优秀科技著作的出版。

我们希望江苏省金陵科技著作出版基金的持续运作,能为优秀科技著作在江苏省及时出版创造条件，并通过出版工作这一平台，落实“科教兴省”战略，充分发挥科学技术作为第一生产力的作用，为全面建成更高水平的小康社会、为江苏的“两个率先”宏伟目标早日实现，促进科技出版事业的发展，促进经济社会的进步与繁荣做出贡献。建立出版基金是社会主义出版工作在改革发展中新的发展机制和新的模式，期待得到各方面的热情扶持，更希望通过多种途径不断扩大。我们也将在实践中不断总结经验，使基金工作逐步完善，让更多优秀科技著作的出版能得到基金的支持和帮助。这批获得江苏省金陵科技著作出版基金资助的科技著作，还得到了参加项目评审工作的专家、学者的大力支持。对他们的辛勤工作，在此一并表示衷心感谢！

江苏省金陵科技著作出版基金管理委员会

“精品蔬菜生产技术丛书”编委会

第一版

主　　任　侯喜林　吴志行

编　　委（各书第一作者，以姓氏笔画为序）

刘卫东　吴志行　陈沁斌　陈国元

张建文　易金鑫　周黎丽　侯喜林

顾峻德　鲍忠洲　潘跃平

第二版

主　　任　侯喜林　吴　震

编　　委（各书第一作者，以姓氏笔画为序）

马志虎　王建军　孙菲菲　江解增

吴　震　陈国元　赵统敏　柳李旺

侯喜林　章　泳　戴忠良

序（第一版）

蔬菜是人们日常生活中不可缺少的副食品。随着人民生活质量的不断提高及健康意识的增强，人们对“无公害蔬菜”“绿色蔬菜”“有机蔬菜”需求迫切，极大地促进了我国蔬菜产业的迅速发展。2002年全国蔬菜播种面积达1 970万公顷，总产量60 331万吨，人均年占有量480千克，是世界人均年占有量的3倍多；蔬菜总产值在种植业中仅次于粮食，位居第二，年出口创汇26.3亿美元。蔬菜已经成为农民致富、农业增收、农产品创汇中的支柱产业。

今后发展蔬菜生产的根本出路在于发展外贸型蔬菜，参与国际竞争。因此，蔬菜生产必须增加花色品种，提高蔬菜品质，重视蔬菜生产中的安全卫生标准，发展蔬菜贮藏、加工、包装、运输。以企业为龙头，发展精品蔬菜，以适应外贸出口及国内市场竞争的需要。

为了适应农业产业结构的调整，发展精品蔬菜，并提高蔬菜质量，南京农业大学和江苏科学技术出版社共同组织园艺学院、江苏省农业科学院、南京市农林局、南京市蔬菜科学研究所、金陵科技学院、苏州农业职业技术学院、苏州市蔬菜研究所、常州市蔬菜研究所、连云港市蔬菜研究所等单位的专家、教授编写了“精品蔬菜生产技术丛书”。丛书共11册，收录了100多种品质优良、营养丰富、附加值高的名特优新蔬菜品种，介绍了优质、高产、高效、安全生产关键技术。本丛书深入浅出，通俗易懂，指导性、实用性强，既可以作为农村科技人员的培训教材，也是一套有价值的教学参考书，更是广大基层蔬菜技术推广人员和菜农的生产实践指南。

侯喜林

2004年8月

序（第二版）

蔬菜是人们膳食结构中极为重要的组成部分，中国人尤其喜食新鲜蔬菜。从营养学的角度看，蔬菜的营养功能主要是供给人体所必需的多种维生素、膳食纤维、矿物质、酶以及一部分热能和蛋白质；还能帮助消化、改善血液循环等。它还有一项重要的功能是调节人体酸碱平衡、增强机体免疫力，这一功能是其他食物难以替代的。健康人的体液应该呈弱碱性，pH值为7.35~7.45。蔬菜，尤其是绿叶蔬菜都属于碱性食物，可以中和人体内大量的酸性食物，如肉类、淀粉类食物。建议成人每天食用优质蔬菜300克以上。

我国既是蔬菜生产大国，又是蔬菜消费大国，蔬菜的种植面积和产量均呈上升态势。2021年，我国蔬菜种植面积约3.28亿亩，产量约为7.67亿吨。随着人们对健康生活的重视，对于绿色、有机蔬菜的需求日益增加，蔬菜在保障市场供应、促进农业结构的调整、优化居民的饮食结构、增加农民收入、提高人民生活水平等方面发挥了重要作用。

蔬菜生产是保障市场稳定供应的基础。具有规模蔬菜种植基地的家庭农场（含个体生产经营者）、农民专业合作社、生产经营企业等，是蔬菜生产的基本单元，也是蔬菜产业的基础和源头。因此，蔬菜生产必须增加花色品种，提高蔬菜品质，注重生产过程中的安全卫生标准，同时加强蔬菜储存、加工、包装和运输。在优势产区和大中城市郊区，重点加强菜地基础设施建设，着重于品种选育、集约化育苗、田头预冷等关键环节，加大科技创新和推广力度，健全生产信息监测体系，壮大农民专业合作组织，促进蔬菜生产发展，提高综合生产能力。

“精品蔬菜生产技术丛书”自2004年12月出版以来，深受市场欢迎，历经多次重印，且被教育部评为高等学校科学研究优秀成果奖科学技术进步奖(科普类)二等奖。为了适应农业产业结构的调整，发展精品蔬菜，并提高蔬菜产品质量，满足广大读者需求，南京农业大学和江苏凤凰科学技术出版社共同组织江苏省农业科学院、南京市蔬菜科学研究所、苏州农业职业技术学院等单位的专家对“精品蔬菜生产技术丛书”进行再版。丛书第二版共11册，收录了100多种品质优良、营养丰富、附加值高的名特优新蔬菜品种，介绍了优质、高产、高效、安全生产关键技术。本丛书语言简明通俗，兼具实用性和指导性，既可以作为农村科技人员的培训教材，也是一套有价值的教学参考书，更是广大基层蔬菜技术推广人员和菜农的生产实践指南。

农业农村部华东地区园艺作物生物学与种质创制重点实验室主任
园艺作物种质创新与利用教育部工程研究中心主任
南京农业大学“钟山学者计划”特聘教授、博士生导师
蔬菜学国家重点学科带头人

侯喜林
2022年10月

前　言

甘蓝类蔬菜起源于地中海沿岸，由野生甘蓝演变而来，有4 000多年的栽培历史，是世界上栽培时间最长、栽培面积最大的蔬菜之一。野生甘蓝枝繁叶茂、节间发育良好，顶芽和侧芽为活动芽，开放生长，并不形成特殊的贮藏器官。在进化过程中，受不同的环境条件影响，经过人工长期培育和选择，形成了许多栽培变种，如结球甘蓝、花椰菜、球茎甘蓝、抱子甘蓝和青花菜等。这些变种不仅与野生甘蓝几乎没有相像的地方，而且相互间形态差异也很大，不过它们都是同科、同属、同种，染色体数都是$2N$=18条，所以它们彼此间天然杂交可育率达100%，所产生的杂种都能正常发育。

甘蓝类蔬菜在我国栽培历史虽然不长，但发展很快，特别是结球甘蓝，我国各地普遍栽培，许多地区可周年栽培上市。花椰菜不仅在南方，而且在北方各省也普遍栽培。随着对外开放和人们生活水平的提高，对甘蓝类蔬菜的需求量不断上升，尤其是特种甘蓝类蔬菜，如抱子甘蓝、羽衣甘蓝、紫甘蓝、球茎甘蓝、芥蓝及青花菜、紫花菜等。作为高档蔬菜、保健蔬菜和创汇蔬菜，甘蓝类蔬菜栽培面积正在我国各地迅速扩大。

甘蓝类蔬菜营养丰富，不仅可鲜食、做成泡菜、腌渍等，而且可经保鲜、脱水、榨汁等工序加工出口，因此在蔬菜生产和供应中占有很重要的地位。甘蓝类蔬菜产量较高，且耐贮运。近年来，由于栽培技术的提高，加上不同生育期和抗逆性强的新品种的育成和引进，各地的栽培制度都有了较大改变，使得甘蓝类蔬菜能周年栽培，从而更好地满足市场的需要，获得更佳的经济效益。

甘蓝类蔬菜在栽培上有很多共同的要求，它们喜欢温和、冷凉的气候，适合在秋季栽培，同时耐热和耐寒性较强。甘蓝类蔬菜喜肥沃而不耐瘠薄，要求在富含腐殖质、保肥力强的土壤上栽培。喜湿润而不耐干旱，但又怕积水。根的再生力强，一般适合用育苗移栽。它们易受共同的病害侵染，如黑腐病、菌核病及苗期病害等，彼此不宜连作。

全书以大量的图片配合文字，增加可读性，既在品种知识介绍方面通俗易懂，又在栽培专业方面科学严谨，适合不同的读者群体。在本书撰写过程中，考虑不同读者的需求，各个章节自成体系，读者可根据需要选择阅读。本书适用于广大菜农、基层农业科技人员和农业院校师生参考。

由于编写水平有限，错误和不足之处在所难免，敬请批评指正。

戴忠良

2023年1月

目 录

一、结球甘蓝

结球甘蓝简称甘蓝，别名洋白菜、圆白菜、卷心菜、莲花白、包菜等，是十字花科芸薹属甘蓝种中能形成叶球的一个变种。甘蓝原产于地中海沿岸，已有2 000多年栽培历史，16世纪开始传入我国，在我国栽培时间虽短，但发展迅速。由于甘蓝具有适应性广、易栽培、耐贮运等优点，其在蔬菜周年供应中起很大作用。

甘蓝营养比较丰富，每100克鲜菜中，含维生素C 40毫克、蛋白质1.1克、脂肪0.2克、碳水化合物3.4克、粗纤维0.5克、钙32毫克、磷24毫克、铁0.3～0.7毫克，另外还含有其他多种微量元素及维生素。甘蓝对增加人体所需营养物质具有重要意义。在古代，人们就曾用甘蓝作药物，治疗多种疾病。据《本草拾遗》记载，甘蓝味甘，性平，归脾、胃经，能益脾和胃，缓急止痛，可用于治疗脾胃不和、脘腹拘急疼痛等疾病。

甘蓝食用方法很多，可炒、煮、凉拌制成各种菜肴，也可以做泡菜、腌渍、干制及制罐等，已成为许多国家的重要蔬菜。目前，我国甘蓝出口栽培迅速发展，主要以保鲜产品出口日本、韩国、俄罗斯及东南亚等地区。也有加工成脱水蔬菜出口。甘蓝在蔬菜出口贸易中占有重要地位。

（一）形态特征

甘蓝的根为主根系，根系呈圆锥形。主根基部肥大，须根多，易产生不定根。整个根系入土不深，主要分布在30厘米土层内。甘蓝根的再生能力比较强，主根断伤后，容易发生不定根，适于移栽。

甘蓝的茎分为短缩茎和花茎两种，短缩茎又有内茎和外茎两种。茎随着叶片的增加逐渐长高。外短缩茎上着生莲座叶，内短缩茎也称叶球中心柱，着生球叶。甘蓝的内短缩茎越短，包心越结实，品质越好。

甘蓝叶分为外叶、球叶。外叶在不同的生育时期形态不同，子叶2枚，对生，呈肾形。基生叶2枚，对生，呈瓢形，与子叶成“十”字形垂直排列。随后发生幼苗叶，互生在短缩茎上，呈卵形或椭圆形，有明显叶柄。莲座叶宽大，叶柄逐渐变短。叶有黄绿、深绿、灰绿、蓝绿等颜色。当莲座叶生长到一定数目后进入包心，再生出的叶子就不向外开张而向内包球，顶芽继续分生新叶，而包球的叶子继续生长下去就长成为紧密充实的叶球。

甘蓝种株经过冬季低温，顶芽分化出花芽，第2年抽薹开花，形成复总状花序。顶芽抽出主花茎，在主花茎上的叶腋间可发生二级甚至三、四级分枝。开花顺序是主枝先开，然后由上到下一级分枝开花，再依次是下一级分枝开花。每一花序上的花是从下向上陆续开。花为完全花，开花后花瓣呈“十”字形展开，淡黄色，异花授粉。

甘蓝的果实为长角果，呈圆柱形，表面光滑，略呈念珠状。成熟时细胞膜增厚硬化，种子排列在隔膜两侧。每荚果有种子20粒左右。果实成熟后沿腹缝线开裂。种子呈红褐色至黑褐色，千粒重为3.3～4.5克。

（二）生长发育过程

甘蓝是二年生作物，从种子萌发到开花结实需经过营养生长和生殖生长 2 个阶段。一般第 1 年生长出根、茎、叶等营养器官，在叶球及短缩茎中贮藏大量同化产物，完成营养生长。经过冬季低温春化，到第 2 年在长日照条件下，抽薹、开花，结出种子，完成生殖生长。

1. 营养生长期

（1）发芽期　从播种到第 1 对茎生真叶展开，与子叶垂直形成“十”字的时期。随季节的不同，所需时间不同。夏、秋季节温度较高，需 8 ～ 15 天，冬、春季节温度较低，需 15 ～ 20 天。这段时间主要靠种子自身贮藏的养分生长。

（2）幼苗期　从第 1 片真叶开展到第 1 叶环形成（一般需生长 5 ～ 8 片叶）的时期。一般在冬、春季需 30 ～ 60 天，在夏、秋季需 20 ～ 30 天。这时期根系不发达，叶片小，根吸收能力和叶片光合能力很弱，要加强肥水管理、温光控制，培育壮苗。

（3）莲座期　从第 2 叶环出现到开始结球的时期。所需天数因品种熟性而异，一般早熟种需 15 ～ 20 天，晚熟种需 40 天左右。在此期间叶片和根系的生长速度快，要加强田间管理，创造茎叶和根系生长最适宜条件，为形成硕大而坚实的叶球打下基础。

（4）结球期　从开始结球到结球充实的时期。早熟品种所需时间短，晚熟品种所需时间长，一般为 15 ～ 50 天。此期应提供充足的肥水和温和、冷凉的气候条件，以利于叶球充实。

（5）休眠期　甘蓝种株有一个休眠期。长江流域可露地越冬，北方要将种株假植，贮藏于窖中。此时期要掌握好露地安全越冬和贮藏种株的管理。

2. 生殖生长期

（1）抽薹期　从种株主茎萌芽到主茎长出，需 25 ～ 40 天。

（2）开花期　从始花到全株终花，需 25 ～ 50 天。

（3）结荚期　从花谢到荚角变黄成熟，需 30 ～ 45 天。

甘蓝是冬性较强的作物，它通过春化阶段发育，需要长到一定大小的幼苗以后，才能接受低温感应而完成春化阶段发育，是绿体春化型植物。甘蓝幼苗达到能接受低温时的大小因品种而异。植株大小一般用植株的茎粗、叶片数目或叶片面积来表示。早熟品种幼苗的茎粗要在 0.6 厘米以上，最大叶宽 6 厘米以上，具有 7 片真叶以上。中、晚熟品种幼苗的茎粗要在 1 厘米以上，最大叶宽 7 厘米以上，具 10 ～ 15 片真叶。幼苗接受低温范围为 0 ～ 10 ℃，而 1 ～ 4 ℃时进行得最迅速，15.6 ℃以上则不能通过春化阶段。完成春化所需时间，早熟品种中的圆头形需 30 ～ 40 天，尖头和平头类型需 60 ～ 80 天。

甘蓝属长日照作物，但光照时间长短对花芽分化没有影响。一般而论，长日照有利于其生长发育，牛心尖球形、扁圆形品种完成阶段发育对光照条件不太严格，而圆球形品种必须经过较长的光周期，才能顺利完成阶段发育、抽薹、开花。

（三）生长发育对环境条件的要求

1. 温度

甘蓝对温度的适应范围较广，耐寒、耐热性强，但喜温和、冷凉气候。种子发芽的最低温度为 2 ～ 3 ℃，10 ℃以上才能顺利发芽，最适发芽温度为 20 ～ 25 ℃。刚出土的幼苗抗寒能力弱，具有 6 ～ 8 片叶的健壮幼苗耐寒、耐热性增强，能忍受-5 ～-2 ℃低温；经过低温锻炼的幼苗，能忍耐短期-12 ～-8 ℃严寒。20 ～ 25 ℃适于外叶生长。进入结球期以 15 ～ 20 ℃为适温，温度在 25 ℃以上时甘蓝结球小、松散，而昼夜温差大有利于叶球生长。叶球较耐低温，5 ～ 10 ℃叶球仍能缓慢生长。成熟的叶球耐寒力虽不如幼苗，但早熟品种的叶球可耐短期的-5 ～-3 ℃低温，中、晚熟品种的叶球可耐短期-8 ～-5 ℃的低温。在抽薹开花期，适宜的温度为 20 ～ 25 ℃，开花时如遇高温，则影响开花和结荚，10 ℃以下的低温也会影响正常结实，如遇到-3 ～-1 ℃低温，花薹易受冻害。

2. 光照

甘蓝是长日照喜光性蔬菜，在未通过春化阶段前，充足的日照有利于营养生长。在苗期和莲座期需要较强光照，否则易形成高脚苗。结球期，要求日照较短，光照较弱。同时甘蓝对光照强度适应性较广，在阴雨天、晴天，或露地、保护地，或不同季节下栽培，都能满足其对光照的需要。

3. 水分

甘蓝在湿润的气候条件下生长良好，不耐干旱。适合的空气相对含水量为 80% ～ 90%，土壤相对含水量为 70% ～ 80%。对土壤湿度要求比较严格。结球前能忍耐一定的干旱，但结球期若土壤水分不足，则严重影响结球，降低产量。甘蓝也不耐涝，如果雨水过多，土壤排水不良，往往使根系受渍害。

4. 土壤

甘蓝对土壤的适应性较强，从沙壤土到黏壤土都能种植。在中性到微酸性（pH 值 5.5 ～ 6.5）的土壤中生长很好。甘蓝耐盐性属中等，土壤含盐量在 1.2% 以下能正常结球。甘蓝为喜肥、耐肥作物，栽培上要尽量选择肥沃的土壤，生长期间还需适量追肥。甘蓝在不同生长发育阶段对各种营养元素的需要量不同，苗期和莲座期需要较多的氮肥，特别是莲座期达到高峰。进入结球期则要较多的磷、钾和钙肥的供应。整个生长期吸收氮、磷、钾的比例一般以 3 ： 1 ： 4 为好。

（四）类型与品种

1. 栽培类型

甘蓝种类很多，分类方法多种。根据其叶球形状不同，可分为尖头形、圆头形及平头形（图 1–1 至图 1–3）。依其栽培季节及熟性，分为春甘蓝、夏甘蓝、秋冬甘蓝；依叶球颜色及其特性，可分为普通甘蓝、紫甘蓝、皱叶甘蓝。

图 1–1　尖头形结球甘蓝

图 1–2　圆头形结球甘蓝

图 1–3　平头形结球甘蓝

2. 主要品种

（1）丸美极早生　从日本引进的极早熟品种，定植后 50 天可收获。外叶小，株型紧凑，抗性强，球形圆，球色鲜绿，单球重 1.0 ～ 1.2 千克，品质好。商品性好，耐贮运。适合春、秋季栽培。

（2）H-60　从日本引进的早熟、耐热品种，定植后 60 天左右收获。开展度 46 厘米左右，成熟期一致，叶球紧实，高扁圆形，球色鲜绿，叶质脆甜，商品性高，收获期间多雨易裂球，单球重 1.1 千克左右。

（3）征将　从日本引进的早熟品种。抗热性强，在高温、干燥的条件下，也较易育苗和栽培。外叶略大，生育旺盛，结球肥大性好。高扁圆球，单球重 1.5 ～ 2.0 千克。整齐度好。抗黄萎病、霜霉病、黑腐病和球面斑点症。播种期较长，适宜初夏播秋季收获或春播。

（4）YR- 美味早生　外叶片小，植株开张且紧实。为极早熟品种，定植后 40 天便可收获。单球重 0.8 ～ 1.5 千克，圆球形，大小中等。叶质柔软，品质、食味极佳。春季播时在较低温度条件下也可正常发育，栽培过程中不易发生花球及尖形球。尤其适于春播夏收或夏播秋冬收获。

（5）强力 50　从日本引进的极早熟品种，定植后 50 天可收获。植株半直立，长势旺盛。耐热性、耐湿性强。球形扁圆，球色翠绿，单球重 1.2 千克左右。结球紧实，品质好，口感佳。商品性好，耐贮运。容易栽培，是夏季栽培的理想品种。

（6）美貌　从日本引进的中早熟品种。抗热、抗病。植株呈半开张性，外叶紧抱，适宜密植。长势旺盛。高扁圆球，单球重 1.5 千克，球面浓绿，直至球底部着色均匀。特抗软腐病和黑腐病。耐裂球，存圃时间长。容易栽培，可以春播、夏播。

（7）中甘 21　中国农业科学院选育的早熟品种，从定植到收获约 50 天。植株半开张，外叶色绿，叶面蜡粉少，叶球紧实、美观，圆球形，叶质脆嫩，品质优，球内中心柱短，单球重 1.0 ～ 1.5 千克。适宜在我国华北、东北、西北地区及西南地区的云南等地作早熟春甘蓝栽培。

（8）希望　从日本引进的极早熟甘蓝品种，定植后 45 ～ 53 天收获。植株生长势强，株型紧凑，外叶绿色。小叶成球，大小一致，整齐度高。叶球圆球形，球色绿，色泽浓，具有光泽，单球重 1.0 ～ 1.5 千克。球形美观，裂球晚，可在田中长时间保存，商品性优秀。根系发达，耐病性强，且耐潮湿。可用于春播、夏播，尤其适合于利用小拱棚进行早春栽培。

（9）京丰一号　系一代杂交品种。植株开展度 80 厘米。外叶 12 ～ 14 片，叶色深绿，蜡粉中等。叶球扁圆、紧实，品质较好，适宜脱水加工用。春季栽培定植后 80 ～ 90 天可采收；秋季从栽培定植到采收 80 天左右。抗先期抽薹，适应性广。丰产稳产。

（10）迎风　从日本引进的极晚熟露地越冬甘蓝品种。植株长势强，整齐度高，叶色深绿，有光泽，蜡粉少。叶球扁球形，色浓绿，结球紧实，球大，外形整齐，单球重 2.0 ～ 2.5 千克。中抗黑腐病、枯萎病，耐低温性、耐裂球性强，耐贮运，可延迟收获。适合在湖北越冬种植，7 月 15 日至 8 月 15 日育苗。

（11）寒玉 155　从日本引进的晚熟品种，株体较紧凑，外叶浓绿色，叶面蜡粉中等。叶球近高扁球，结球紧实，不易裂球，球色鲜绿，有光泽，叶质脆嫩。长江流域7月中旬至8月播种，12月至翌年3月收获。

（12）冬升　从日本引进的晚熟品种。耐寒性极强，耐抽薹，容易栽培。叶球高圆形，结球紧实，球色绿，外观圆整，不易裂球，存圃时间长。长江流域8月播种，翌年2月中下旬开始收获，可延迟到4—5月春淡季上市。

（13）七草　从日本引进的品种。为夏播冬收的品种，比一般的越冬品种更抗寒，低温下不易发生软腐病。低温肥大性好，是商品性极高的品种。高扁圆球，中心柱短，球内部呈鲜黄色。裂球迟，田间保持期长，可根据市场行情调整上市时间。

（14）春甘2号　江苏丘陵地区镇江农业科学研究所育成的一代杂种。中早熟露地越冬春甘蓝品种，成熟期149天。植株开展度较大，株高32厘米，开展度57厘米左右，外叶灰绿色，蜡粉中等，植株生长势旺盛。叶球近圆球形，结球紧实，耐裂球，单球重1.12千克，叶球纵径16厘米左右，中心柱高约6.8厘米，中心柱较短。球色为鲜绿色。

（15）春丰　江苏省农业科学院蔬菜研究所育成的春甘蓝品种。具有早熟、丰产、耐寒、冬性强、品质优、整齐度好等特点。株型中等，开展度70厘米左右，外叶12片左右，叶色灰绿，蜡粉中等。叶球桃形（胖尖），结球紧实，单球重1.2～1.5千克。

（16）春丰007　江苏省农业科学院蔬菜研究所育成的极早熟春甘蓝一代杂种。具有早熟、品质好、露地越冬不抽薹等特点。植株开展度58.7厘米，株高28厘米，叶色绿，蜡粉较少，叶缘微外翻，叶微皱，叶脉稀，叶球桃形，球形指数1.1，中心柱占球高的 45.0%，帮叶比为 25.6%，肉质脆嫩，味甘甜，单球重 1 千克左右。

（五）茬口安排与播种期

甘蓝适应范围较广。我国在南方除了炎热的夏季，在北方除了严寒的冬季不适宜栽培外，大多数地区一年四季均可栽培。根据适于生长的季节而形成的主要栽培茬次分为春甘蓝、夏甘蓝、秋冬甘蓝（图 1-4 至图 1-6）。

图 1-4　春甘蓝

图 1-5　夏甘蓝

图 1-6　秋冬甘蓝

由于甘蓝在夏、秋高温季节生长过程中，病虫害发生严重，极易造成农药残留量偏高和机械伤，因此，目前在长江中下游地区，甘蓝栽培主要茬次是秋冬季和春季栽培。秋冬季栽培一般在 7 月中旬至 8 月播种，用早、中、晚熟品种配套，11 月至翌年 3 月采收。春季栽培于秋末冬初播种，以幼苗露地越冬，或在 12 月下旬至翌年 1 月中旬保护地育苗，3 月上中旬定植，5—6 月份收获。若加盖小拱棚，可提前到4月收获。

（六）栽培技术

1. 秋冬甘蓝栽培技术

（1）播种育苗　长江中下游一般在7月中下旬至8月播种，可以用普通苗床或穴盘育苗。此时正值该地区的高温季节，日照强度大，温度高，且时见雷阵雨和暴雨天气，所以，苗床应选择地势较高、通风凉爽、排灌便利的地段，并要搭设阴棚防暴雨和烈日。苗床播种前应深耕晒垡，每平方米施腐熟有机肥2～3千克，复合肥0.03千克，再耕翻混均匀，做成宽1.2米的高畦。播种前1～2天，浇足底水，可采用撒播、条播。播后均匀覆上一层细土，以盖没种子为宜，然后在苗床上盖双层遮阳网，降温保湿。再搭设阴棚，以防止阳光直射，降低棚内温度。阴棚的设置一般在苗床四周打桩作立柱，在立柱上用竹竿连成棚架。立柱高1.0～1.2米。过高，则不便揭盖覆盖物，且阳光易晒到畦面；过低，则通风不良。若在大棚内育苗，则可以在大棚顶加盖遮阳网（图1-7、图1-8）。

图1-7　简易遮阴棚育苗

图1-8　大棚加盖遮阳网育苗

播种后一般 3 ～ 4 天即可齐苗。出苗后及时揭去遮阳网。注意适量浇水，既要防止因床土的湿度过大而引起病害和幼苗徒长（图 1–9、图 1–10），又要防止因床土过干而形成僵苗。如床面湿度过大，可撒一层干细土或草木灰降湿。苗初出土时每天浇水 1 次，以后每隔 1 ～ 2 天浇水 1 次，以保持土壤湿润，土表略干为宜。

图 1–9　徒长苗

图 1–10　正常苗

图 1–11　出苗后

出苗后间苗 2 ～ 3 次，最后一次定苗按 8 平方厘米留一株壮苗（图 1–11、图 1–12）。当幼苗有 2 ～ 3 片真叶时，结合浅松土追 1 次稀粪，以促进根系发育。4 片真叶时浇提苗肥 1 次，可用稀粪或腐熟的饼肥水。浇肥浇水要在早上或傍晚进行。为使幼苗整齐一致，定植后便于管理，一般可进行假植 1 次，当苗龄为 20 天左右，具有 3 ～ 4 片真叶时假植（图 1–13）。假植后管理同苗期。

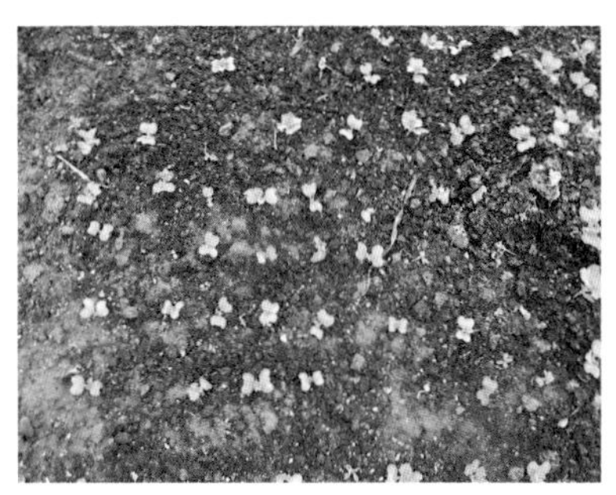
图 1-12　间苗后

图 1-13　假植苗

（2）定植　当苗龄 35 ～ 40 天，幼苗真叶有 6 ～ 8 片时，选健壮苗定植（图 1–14、图 1–15）。定植的大田应选土壤肥沃、排水便利、前茬未种过十字花科蔬菜的地。前茬收获后应及时清除杂草，深耕晒垡，每亩*施厩肥 4 000 千克，氮、磷、钾复合肥 50 千克，均匀撒施，再耕翻与土壤混匀，及时耙碎耙平，开沟做高畦（图 1–16）。定植前，苗床要浇透水，保证幼苗带土移栽。定植应选择阴天或者晴天傍晚进行，避开高温，以缩短缓苗期。栽苗不能太深（图 1–17），栽后浇透定根水。

图 1-14　健壮苗

图 1-15　高脚苗

*“亩”是我国农业生产中常用的面积单位（1 亩约为 667 平方米）。为便于统计计算，后文部分内容仍沿用“亩”作单位。

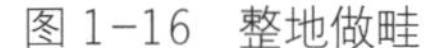
图 1-16　整地做畦

图 1-17　大田定植

（3）田间管理

① 浇水。定植后，正处高温时期，水分蒸发量大，此时合理浇水是保证幼苗成活及正常生长的关键。浇过定根水后，第 2 天再浇 1 次水，以后隔 1 ～ 2 天浇 1 次，1 周后即可活棵。如有缺苗，要及时补苗。缓苗后适当蹲苗，再行浇水。在莲座期和结球期，要根据田间情况，适时浇水，保持土壤湿润。高温期间要在早晨或傍晚进行浇水。虽然甘蓝喜湿润，但又忌土壤积水。多雨季节要及时排除田间积水，以防受渍害。叶球生长紧实后，停止浇水，以防叶球开裂，造成经济损失。

② 中耕追肥。秋冬甘蓝的栽培要求肥水充足，在施足基肥的前提下，还要重视施用追肥，以充分促进其快速生长。对于选用早熟、中熟品种的，一般追肥 2 ～ 3 次；对于选用晚熟品种的，一般分 3 ～ 4 次进行。第 1 次在幼苗缓苗后、新根发生时，结合中耕，追施稀薄的氮肥。第 2 次在莲座初期，每亩施尿素 20 千克左右，并伴随中耕培土。在莲座末期，追第 3 次肥，每亩施尿素 15 ～ 20 千克，这两次是追肥重点，施后结合浇水。进入结球

初期再追一次肥，每亩施尿素 15 千克，并适当根外追肥，可用 1% 的尿素加 0.1% ～ 0.2% 的磷酸二氢钾连续根外追肥 2 ～ 3 次。

（4）病虫害防治　甘蓝主要病害有软腐病、菌核病、黑腐病、霜霉病等，苗期有猝倒病和立枯病。主要害虫有蚜虫、菜青虫、菜蛾和甘蓝夜蛾等。

① 猝倒病和立枯病。早春温床育苗，在日夜温差大、苗床湿度大、通风不良、光照不足、秧苗过密的情况下，易发生上述两种病害（图 1–18、图 1–19）。因此早春温床育苗，要注意通风，增加光照时间。

图 1–18　结球甘蓝猝倒病病苗

图 1–19　结球甘蓝立枯病病苗

综合防治：苗床应建在地势高燥、排水性好的地方。苗床每平方米用 50% 多菌灵可湿性粉剂或 50% 福美双 WP 8 ～ 10 克，与细干土 20 ～ 30 千克充分掺匀后取 1/3 撒在畦面，余下的 2/3 播后覆土。播种前用 58% 甲霜灵锰锌 WP 或 60% 宝宁 WP 或 60% 菜菌拌种，用药量为种子重量的 0.3% ～ 0.4%。发病后可用 70% 敌克松 1 000 倍液，或普力克 400 倍液，或 40% 百可宁 WP 600 倍，或 50% 卡苯得 WP 600 ～ 800 倍等喷雾，每 7 ～ 10 天喷 1 次，连喷 2 ～ 3 次。

② 霜霉病。对幼苗、成株及采种株均可危害。甘蓝受侵染后，在叶背产生白色霜状霉层，叶正面出现黑色至紫褐色的病斑（图1–20）。雨后病情迅速发展，近地面平展叶均连片枯死，植株叶片从外向内层干枯。有时老叶受害后病菌也能系统侵染进入茎部，在贮藏期间继续发展达到叶球内，使中脉及叶肉组织上出现黄色不规则的坏死斑，叶片干枯脱落。

图 1–20　结球甘蓝霜霉病病叶

该病由十字花科霜霉菌侵染所致。病菌主要以卵孢子在种子表面、病残体和土壤中越冬，也能以菌丝体在留种株内越冬。潮湿、温暖易于病害的发生和传播，而密度过大、通风不良、连作、缺肥等会导致发病较重。

综合防治：选用抗病品种。实行轮作。加强田间管理，施足基肥，增施磷肥、钾肥和腐熟有机肥。播种前用种子重量0.4% 的 50% 福美双及 75% 百菌清可湿性粉剂拌种。发病初期，可用 40% 乙磷铝 300 倍液，或 58% 甲霜灵锰锌 500 倍液，或80% 大生 800 倍液，或 72% 克露 600 倍液，或 30% 绿叶丹 300倍液，或 64% 杀毒矾可湿性粉剂 400 ～ 500 倍液等喷洒。喷药要细致周到，特别是老叶背面也应喷到，隔 5 ～ 7 天再喷 1 次。

③ 黑腐病。幼苗被害时，子叶呈水渍状，逐渐枯死或蔓延至真叶，真叶的叶脉上出现小黑点或黑褐色细条。成株受害时，病菌由叶缘水孔或伤口侵入，形成“V”形病斑，边周伴有黄色褪

绿晕带。病斑向两侧或内部扩展，致使周围叶肉变黄或枯死，之后沿叶脉、叶柄蔓延到茎部和根部，引起植株萎蔫。剖开球茎，可见维管束变黑、腐烂（图 1–21、1–22），干燥条件下病斑干枯或形成穿孔状。

图 1–21　结球甘蓝黑腐病病叶

图 1–22　受黑腐病危害的结球甘蓝叶球

该病由黄单胞杆菌属的十字花科黑腐细菌侵染所致。病菌在种子、采种株上及土壤病株残体内越冬。播种带菌的种子或病残体遗留田间，病菌便从幼苗子叶边缘的气孔侵入，引起发病。成株叶片染病，多从叶缘水孔或伤口侵入，然后进入维管束组织，造成系统侵染。

综合防治：实行轮作换茬，避免与十字花科蔬菜连作，最好进行 2 ～ 3 年轮作。播种前，干种子在 60 ℃下进行干热灭菌 6 小时或 50 ℃温水浸种处理 20 分钟，或用 45% 代森铵水剂 300 倍液浸种 15 分钟，洗净后晾干播种，或用 50% 琥珀硫酸铜可湿性粉剂按种子重量的 0.4% 拌种。加强田间管理，合理浇水，及时排除积水，避免田间湿度过大，避免机械损伤和虫伤，及时拔除病株，收获后清除病株残体。发病初期可用14%络氨铜水剂600倍液，或77%氢氧化铜可湿性粉剂500倍液，或72%农用链霉素可溶性粉剂500倍液，7～10天喷1次，连喷2～3次。

④软腐病。多在甘蓝包心期至贮藏期发生。初发病时，外叶呈萎蔫状下垂，尤其在晴天中午最为明显。随着病害不断加重，植株外层叶片不再能恢复，茎基部或叶球表面发生水渍状病斑，病部软腐有恶臭，在病组织内充满污白色或灰黄色黏稠物，病斑向四周扩展，最后整株腐烂倒塌（图1-23）。

图1-23　结球甘蓝软腐病病株

该病为细菌性病害，病菌在病株残体内越冬。病菌借助风雨、灌溉水、农家肥及昆虫进行传播，从植株的伤口侵入，引起发病。连作田块、地势低洼、播种期过早、田间害虫虫口密度大、施用未腐熟的农家肥及大水漫灌等，均能加重病害发生。

综合防治：选择地势较高、排水良好的田块，采用高畦栽培。与非十字花科蔬菜轮作。增施腐熟有机肥。加强田间管理，及时防治害虫，浇水宜小水勤浇，不可大水漫灌。播种前，可用3%中生菌素可湿性粉剂或72%农用硫酸链霉可溶性粉剂按种子重量的0.3%拌种。发病初期，可采用20%叶枯唑可湿性粉剂600～800倍液，或20%噻菌铜悬浮剂1 000～1 500倍液，或50%氯溴异氰尿酸可溶性粉剂 1 500 ～ 2 000 倍液等，兑水均匀喷雾，每隔 7 ～ 10 天喷 1 次，连续喷 2 ～ 3 次。喷药要连病株及周围的植株一起喷，喷洒应均匀全面。

图 1-24　结球甘蓝菌核病病株

⑤ 菌核病。苗期受害，多在茎基部出现水渍状病斑，很快腐烂或猝倒。成株受害时，常在近地面的茎、叶柄和叶片上产生水渍状和淡褐色病斑，引起叶球或茎基部腐烂（图 1–24）。种株受害多发生在终花期，一般先从衰老叶片或叶柄开始发病，在多雨、高湿条件下病斑上可以长出白色棉絮状菌丝，并从叶柄向茎部蔓延，引起茎部发病。茎上病斑初为浅褐色，逐渐变灰白色，稍凹陷，最后茎组织腐朽、茎中空，生有黑色鼠粪状菌核。

该病为真菌性病害，病菌以菌核在病株残体、土壤中及混杂在种子里越夏、越冬。当温度、湿度适宜时，菌核萌发，产生子囊盘及子囊孢子。孢子随气流传播、扩散进行初侵染。田间主要通过病株或组织相互接触进行重复侵染。在温暖、高湿条件下有利于发病。一般排水不良、通风透光差、偏施氮肥的田块发病较重。

综合防治：从无病区或无病株上采种。对混杂在种子里的菌核，可用 10% 盐水或 20% 硫酸铵水漂洗，清除杂物后，再用清水洗净，晾干后播种。实行轮作，高畦种植。合理施肥，避免偏施氮肥。多雨期，及时清沟防渍。彻底清除基部老黄叶，改善通风透光条件。初发病时，可用 70% 甲基托布津 1 000 倍液，或 50% 速克灵可湿性粉剂 1 000 倍液，或 40% 菌核净可湿性粉剂 500 倍液喷雾，隔 10 天喷 1 次，连续喷 2 ～ 3 次。

⑥ 根肿病。该病为真菌性病害。主要危害根部，形成数目和大小不等的肿瘤（图 1–25）。初期表面光滑，逐渐变粗糙并龟裂，因为有其他杂菌混生而使肿瘤腐烂变臭。根部受害，植株地上部明显矮小，叶片由下而上逐渐发黄萎蔫，发病初期，在晚上能恢复，慢慢发展成永久性萎缩至植株枯死。

图 1–25　结球甘蓝根肿病根部症状

综合防治：与非十字花科蔬菜实行 3 年以上轮作。适当增施石灰，降低土壤酸度。增施腐熟有机肥，搞好田间灌排设施。发现病株及时拔除，并用石灰消毒。用 40% 五氯硝基苯粉剂每亩 2.5 千克拌细土 100 千克，结合整地条施或穴施。发病初期可用 40% 五氯硝基苯粉剂 500 倍液，或 56% 嘧菌酯百菌清 600 倍液，或 30% 甲霜恶霉灵 600 倍液对植株进行灌根，每 15 天左右 1 次。

⑦ 病毒病。主要由蚜虫传播。幼苗发病时，叶片上产生褪

绿圆斑，后期叶片显淡绿色与黄绿色的斑驳和皱缩（图1-26）。成株染病时，除嫩叶出现浓淡不均的斑驳外，老叶背面也生有黑色坏死斑。病株比健壮株发育缓慢，结球晚且松。在高温、干旱、发根不良时易重发。

图 1-26　结球甘蓝病毒病病株

综合防治：选用抗病品种。选择适宜播种期，躲过高温及蚜虫猖獗季节。加强苗期管理，培育壮苗。移栽时起苗要多带土、少伤根，加强肥水管理，增强植株抗病力。防治好蚜虫，蚜虫是传播病毒的主要媒介，尤其苗期防好蚜虫至关重要。发现病株及时拔除，并将其深埋或烧毁。发病初期，可用 1.5% 植病灵 1 000 倍液，或 20% 病毒 A 500 倍液喷雾预防。

⑧ 蚜虫。主要为甘蓝蚜、桃蚜和萝卜蚜混合发生危害（图 1-27）。从幼苗开始，成蚜、若蚜以刺吸式口器吸食植物汁液，使植株叶片变黄，卷缩变形，植株不能正常生长。并且

图 1-27　蚜虫危害结球甘蓝叶片

蚜虫还能传播多种病毒病，会造成更大的危害。

防治方法：可用 70% 灭蚜松 2 500 倍液，或 10% 吡虫啉 3 000 倍液，或 20% 康福多浓可溶剂 6 000 倍液，或 4% 氯氰・烟碱水乳剂 2 000 ～ 3 000 倍液，或 3.2% 烟碱川楝素水剂 200 ～ 300 倍液，或 0.5% 黎芦碱可湿性粉剂 2 000 ～ 3 000 倍液，兑水喷雾，视虫情隔 7 ～ 10 天喷 1 次。

⑨ 菜青虫。以幼虫咬食叶片危害。初期危害形成许多虫孔，仅留透明的表皮。幼虫 3 龄后食量显著增大，可将叶片吃光，只留叶脉和叶柄（图 1–28）。

图 1–28　菜青虫幼虫及危害状

防治方法：可用 5% 锐劲特 1 500 倍液，或 20% 杀灭菊酯乳油 2 000 倍液，或用青虫菌粉（每克含芽孢 100 亿）1 千克加水 1 200 ～ 1 500 千克进行喷雾。

⑩ 菜蛾和甘蓝夜蛾。以幼虫进行危害。初龄幼虫啃食叶肉，在菜叶上造成许多透明斑块。3 龄以后能把菜叶食成孔洞和缺刻（图 1–29、图 1–30），严重时把叶肉吃光，叶面呈网状或仅留叶脉。幼虫有集中危害菜心的习性。

防治方法：可用黑光灯在成虫发生期诱杀。发生时可用杀螟杆菌 800 ～ 1 000 倍液，或苏芸金杆菌 500 ～ 800 倍液进行生

图 1-29　菜蛾幼虫及危害状

图 1-30　甘蓝夜蛾幼虫及危害状

物防治。也可于幼虫 3 龄以前选用 40% 菊杀乳油 2 000 倍液，或 5% 锐劲特 1 500 倍液，或 20% 灭扫利乳油 3 000 倍液，每 10 ～ 15 天喷 1 次，连续防治 2 ～ 3 次即可。

（5）收获　结球紧实后，应及时上市，获得最佳效益。甘蓝的收获比较简单，一般都是用菜刀从叶球基部砍断。为了提前上市，当叶球长到一定的紧实度即可分期上市（图 1-31、图 1-32）。

图 1-31　结球甘蓝收获

图 1-32　叶球收获后装网袋

2. 春甘蓝栽培技术

（1）播种　在长江中下游地区，春甘蓝的播种期一般在9月下旬至10月中旬。也可在冬春季12月下旬至翌年1月中旬保护地育苗。苗床选土壤肥沃、排水便利、前茬为非十字花科蔬菜的田块。播种前深翻晒垡。播前1周每平方米施腐熟有机肥2～3千克，复合肥0.03千克，再耕翻混匀，做成宽1.2米的高畦。播种要均匀，并适当稀播。播后均匀覆上一层细土，浇水以土壤湿润而不板结为度。夜间加盖草帘抗寒保温。大部分苗出齐后，如床内温度超过25℃，要适当放风，且放风部位要不断变换，防止苗长势不一致。齐苗后每天上午8点左右揭帘透光，傍晚覆盖，保持床内白天温度在15～18℃，夜间温度在8～10℃。

根据实际情况，苗床注意适量浇水，以保持土壤湿润、土表略干为宜。每次浇水量不能过大，以防因床土的湿度过大引起病害和幼苗徒长。幼苗过密时及时间苗，拔掉病苗、弱苗和密苗。在小苗有3～4片真叶时，假植1次。如幼苗生长过快，除适当控制肥水外，最好是采取假植的方法来抑制幼苗的生长，培育壮苗。假植时将大小苗分开栽，假植后根据苗长势和大小决定控制肥水，对小苗要增施肥水促平衡。在定植前10天，开始低温炼苗，定植前3～5天，全天揭膜，以确保幼苗定植成活。

（2）定植　长江中下游地区，一般在11月底至12月初定植，使幼苗在定植后来得及发生新根，以利抗冻。定植过早，在年内生长过大，可能发生未熟抽薹现象；定植过迟，幼苗根系尚未恢复生长，寒冷来临，可能发生受冻缺苗现象。若利用保护地育苗，则一般在3月上中旬定植，并加盖地膜增温（图1–33）。

图 1-33　地膜栽培甘蓝

定植前施足基肥，做高畦。根据所栽培的品种特性，安排定植的株行距。

（3）田间管理　春甘蓝在全部生长过程中，前期温度低，植株生长慢，需要水分少；翌年开春后，温度逐渐升高，生长加快，需要水分较多。到结球期更要保持田土湿润。由于长江流域春、夏多雨，又要做好排水防渍工作。地膜覆盖栽培时，如发现地膜破裂，则应及时用土压严盖紧。有杂草将膜顶起时，也用土压平。

春甘蓝对追肥要求严格，应做到冬控春促，即冬季温度低，有利于植株通过阶段发育，故须注意控制；春季温度回升，植株生长加快，利用追肥来促进生长，使植株的生长进程超过发育进程。即使已通过阶段发育的植株，由于追肥的关系，也可使已分化的叶原体营养生长加快，使营养生长超过生殖生长，结成叶球，避免发生先期抽薹。

一般定植活棵后，结合浇水追 1 次稀氮肥。到寒冷期后，结合中耕除草，轻施提苗肥 1 次，每亩施尿素 5 ～ 10 千克。到翌年春气温升高，重施追肥 1 次，每亩施尿素 20 ～ 25 千克。进入结球期，再追 1 次重肥，每亩施尿素 25 千克。有条件的结合叶面追肥，喷施喷施宝、叶面宝、高美施等 1 次，这样可以提早收获。

（4）未熟抽薹的防止措施　春季栽培结球甘蓝时，在未结球以前，遇到一定的低温感应，就能通过阶段发育，产生花芽，一旦遇到长日照，它就不能继续生长叶球，而引起抽薹开花（图 1–34）。

图 1–34　春甘蓝未熟抽薹

防止未熟抽薹的措施：选用冬性强的优良品种。适时播种、定植，如果播种过早，定植时幼苗营养体过大，很容易接受低温感应，通过春化而抽薹；如播种期适宜，过早定植，若遇“倒春寒”，也会引起未熟抽薹。加强苗期管理，培育壮苗，是防止未熟抽薹的重要措施。加强定植后的栽培管理，冬前定植的要适当控制苗期生长；开春定植的，定植缓苗后，加强肥水管理，促进营养生长，争取尽快结球。防止因缺水、缺肥而导致的未熟抽薹。

（5）适时收获　春甘蓝结球过程快，叶球一般不十分充实，采收时严格掌握采收的品质标准。作保鲜用的甘蓝结球要紧，作脱水原料的甘蓝要求成熟度低。

3. 保护地甘蓝栽培技术

甘蓝的保护地栽培主要是黄淮以北，利用保温设施进行春提早栽培。可利用小拱棚、塑料大棚等（图 1–35 至图 1–37）。品种选择冬性强、耐寒的早熟和中熟品种。在 12 月中下旬播种，苗期温度管理是关键。播种至出苗，维持苗床白天温度 20 ～ 25 ℃，夜间温度 12 ℃以上；出苗后，维持苗床白天温度 18 ～ 22 ℃，夜间温度 10 ～ 12 ℃；当幼苗具有 4 ～ 5 片真叶时，苗床夜间温度不能偏低，避免定植后发生先期抽薹。

图 1–35　结球甘蓝塑料大棚栽培

图 1–36　结球甘蓝大棚加小拱棚栽培

图 1–37　结球甘蓝日光温室栽培

当地温达 5 ℃，气温稳定在 10 ℃以上时即可定植，一般在 2 月中旬至 3 月上旬。定植前 15 ～ 20 天扣棚烤地，促使地温回升。施足基肥后做畦。选择壮苗定植，定植后 7 天内一般不通风，以提高棚温，促进缓苗。缓苗后棚内温度白天不超过 25 ℃，夜间温度不低于 10 ℃。如白天温度超过 25 ℃，要通风降温，通风口不要在同一地方，避免植株生长不一致。进入结球期，温度也逐渐升高，要加大通风量，保持白天温度不超过 20℃，夜间温度 12 ～ 15 ℃，以利于结球。

（七）贮藏与加工

1. 贮藏

选择包心紧实的叶球，把根削平，适当留一些外叶，可以起到保护作用，对保鲜有明显效果。将待贮甘蓝装入板条箱或箩筐内，入库时，适当堆码，保证透气，留有走道，便于检查。冷风库的温度应较低且稳定，一般保持在 0 ～ 1 ℃，以适应甘蓝的生理特性。此法贮藏的甘蓝出库时质量新鲜，重量损耗也比较少。

2. 加工

（1）保鲜甘蓝　作保鲜出口的甘蓝，原料收购首先要符合出口标准要求，农药残留符合进口国要求。具有品种固有的形状和色泽，叶球干爽，鲜嫩有光泽，结球紧实，没有腐败变质，没有裂球，没有抽薹，没有病虫害及机械伤害，不能发生老化现象，球面清洁干净，带 3 ～ 5 片外包青叶。然后进行挑选，剔除不合标准的叶球。再对选留的叶球适当切除根茎和外叶，如叶球有少量泥土，用干净纱布擦去。按每个叶球的大小分级，不同进口地区分级标准不同，如出口日本的分为LL、L、M、S四级。春甘蓝LL级2千克以上；L级1.5～2.0千克；M级0.9～1.5千克；S级0.7～0.9千克。

包装：瓦楞纸箱装，净重15千克，塑料袋装10千克。置于0℃，90%～95%相对含水量条件下，春季可保鲜3～6周，秋冬季可达3～4个月。

（2）脱水甘蓝　作脱水用的甘蓝要求鲜嫩，球叶颜色绿色或淡绿色，球体宽松，结球大，心部小，干物质含量不小于4.5%、复水率高（5～8倍）。除去外叶及茎部，洗净后切分成宽3～5毫米的细条，放入加有0.2%～0.4%亚硫酸钠的开水中烫漂2～4分钟，捞出沥水。然后放在55～60℃的烘筛上烘干6～9小时。随即包装入库保管。包装容器可用木箱、纸盒、锡铁罐，要求密封性能好，防潮，防虫。

二、紫甘蓝

紫甘蓝又名红叶甘蓝、赤球甘蓝、紫苞菜、红卷心菜等，为十字花科芸薹属二年生植物，是甘蓝的一个变种，原产于欧洲地中海至北海沿岸。紫甘蓝引入我国栽培的时间不长，估计不到100年。传入我国后，由于在炒煮时，颜色变为黑紫色，不甚美观，同时虽其营养成分高于普通甘蓝，但我国不习惯生食，故发展较少。随着改革开放，宾馆、饭店对其需求量日渐增多，食用方法也大有改进，近几年紫甘蓝已逐步被人们所认识和接受。加上紫甘蓝适应性强，耐寒性和耐热性均比普通甘蓝强，病虫害少，具有结球紧实、色泽鲜艳、耐贮运、营养丰富、品质好、易栽培等特点，越来越受生产者和消费者的欢迎。

紫甘蓝，叶球紫红，颜色艳丽，含有丰富的维生素C、维生素E、维生素B、花青素苷和矿物质等，尤其是维生素C的含量较高。据测定，每100克鲜菜含胡萝卜素0.11毫克、维生素B_1 0.04毫克、维生素B_2 0.04毫克、维生素C 39毫克、烟酸0.3毫克、糖类4%、蛋白质1.3%、脂肪0.3%、粗纤维0.9%、钙100毫克、磷56毫克、铁1.9毫克。紫甘蓝还具有较高的药用价值，常食用能改善肠道蠕动，促进机体排除胆固醇，减轻动脉硬化。对治疗胃溃疡和十二指肠溃疡有辅助作用。同时能防止老年人皮肤色素沉积，延缓老年斑的出现，并可减少青年人雀斑的生长，具有健美皮肤之功效。

紫甘蓝食用方法同普通甘蓝，既可生食，也可炒食、煮食及腌渍、做泡菜等。但为了保持营养，以生食为好。因其含有丰富的色素，是拼配色拉的好菜。如炒食，则要急火重油，煸炒后迅速起锅。

（一）形态特征

紫甘蓝同普通甘蓝一样是二年生草本植物，第一年形成营养器官——叶球，叶球也是主要的食用部分。经低温春化阶段后，第二年抽薹开花，形成种子。

紫甘蓝根系发达，须根多，根系再生力强，容易产生不定根，经育苗移栽成活率高。其根系入土浅，分布广，主要分布在30厘米深耕作层内，横向伸长半径可达80厘米。吸水吸肥能力强，有一定的耐涝和抗旱能力。

紫甘蓝的茎生长较短，分为内、外短缩茎。外短缩茎着生莲座叶，内短缩茎着生球叶。内短缩茎越短，着生叶越密，结球越紧密。

紫甘蓝的叶片包括子叶、基生叶、幼苗叶、莲座叶和球叶，不同阶段叶片形状也不一样。子叶肾形，两片基生叶很小，呈瓢形，基生叶和幼苗叶有明显的叶柄。随后发生的叶片逐渐加大，呈卵圆形或圆形，叶色呈紫红色或深绿色。一般具8片叶时完成幼苗阶段，称“团棵”。以后进入莲座期，当莲座叶长到一定的数目后进入包心期，以后发生的叶子就不再向外开张而包被顶芽，继续长下去形成叶球。

紫甘蓝花为复总状花序，异花授粉，虫媒花，花黄色。花冠由4枚花瓣构成，开花后呈“十”字形展开。与其他品种及甘蓝类的其他变种极易杂交。

果实为长角果，呈扁圆柱状，表面光滑，略似念珠状，成熟时细胞膜增厚而硬化。紫甘蓝的种子排列在隔膜两侧，生成形状不整齐的圆球状，每角果含种子20粒左右，黑褐色，千粒重一般为3.5克左右。

（二）生长发育过程

紫甘蓝和甘蓝一样，也是二年生植物，生育周期可分为营养生长和生殖生长两个时期。

（三）生长发育对环境条件的要求

1. 温度

紫甘蓝喜凉爽温和的气候，较耐寒，属耐寒性蔬菜。其种子发芽的最适温度为18～20 ℃，在此温度下2～3天就可出苗。但种子发芽温度范围较广，在25～30 ℃的较高温度下也能正常发芽；在2～3 ℃下经10～15天也可缓慢发芽。紫甘蓝幼苗抗寒、抗热性较强，能忍受0 ℃以下的低温和35 ℃的高温。20～25 ℃是紫甘蓝外叶生长的最适温度，17～20 ℃为叶球生长最适温度。较大的昼夜温差有利于养分积累，结球紧实。当气温长时间高于25 ℃时，结球不紧实，品质下降，产量降低。

2. 光照

紫甘蓝属长日照绿体春化型作物，一般幼苗具有5～7片真叶，在4～5 ℃条件下才能接受春化感应。紫甘蓝对光照强度适应范围广，在长日照和充足的光照条件下，能促进植株生长，但结球期要求较短的日照和弱光，有利于结球。

3. 水分

紫甘蓝对土壤的适应性强，但适宜比较湿润的栽培环境，在70% ～ 80% 的土壤相对含水量条件下生长最好，特别是结球期间要保证充足的水分，使结球紧实。如水分不足，加上空气干燥则会引起基部叶片脱落，植株生长缓慢，结球小。但如遇雨水过多、排水又不良的低洼田，则土壤长期过潮湿，也不利植株的生长，根系易变黑、腐烂，植株容易感染黑腐病或软腐病。

4. 土壤和养分

紫甘蓝是喜肥耐肥的蔬菜，要求肥力水平较高，适合在肥沃、保水保肥力好的土壤中栽培。定植田要施足基肥，在生长期还要施较多追肥。根据不同生长发育阶段对主要营养元素的要求不同，氮、磷、钾肥要合理配合使用。同时要适当施用钙肥、硼肥，防止缺钙引起的干烧心和缺硼症。

（四）类型与品种

1. 栽培类型

目前，生产上所用的紫甘蓝品种主要是从国外引进的，依叶球成熟期长短可分为早、中、晚熟。叶球形状主要有圆球形和近圆球形（图 2-1）。

图 2-1　紫甘蓝叶球及纵剖面

2. 主要品种

（1）紫阳　从日本引进的中熟品种。植株生长旺盛，株形大，开展度 65 ～ 70 厘米。外叶 18 ～ 20 片，叶色紫色至紫红色，蜡粉较多。叶球圆球形，单球重 2 千克，亩产 3 000 ～ 3 500 千克。定植后 90 天可收获，适合春、秋保护地、露地栽培。

（2）紫甘 3 号　北京市农林科学院蔬菜研究中心选育的中晚熟品种。株型直立，开展度 62 厘米，外叶数 14 片，叶面蜡粉多，叶缘无缺刻。叶球圆球形、紧实，深紫色，不易裂球，单球重 1.5 ～ 2.0 千克，亩产 4 400 千克左右。定植后 90 天左右收获。适合全国各地春、秋季种植。

（3）紫萱　中熟品种。植株生长势强，株形直立，外叶数 12 ～ 14 片，开展度 50 厘米，叶面蜡粉重，叶球圆球形、紧实，外叶淡紫色，内叶紫红色，单球重 1.8 ～ 2.0 千克。定植后 70 ～ 85 天收获。适合长江中下游秋季露地栽培。

（4）特红 1 号　从荷兰引进的早熟品种。植株生长势中等，开展度 60 ～ 70 厘米。外叶 16 ～ 18 片，叶紫色，有蜡粉。叶球为卵圆形，基部较小，叶球紧实，单球重 0.75 ～ 1.00 千克，亩产 2 500 千克左右。从定植到采收需 65 ～ 70 天。适合春、秋露地栽培。

（5）普来米罗　早熟品种。植株紧凑，结球紧实，外叶直立，叶面有蜡粉，内叶紫红色，叶球近圆形，单球重 1.5 千克左右，亩产量可达 4 000 千克左右。适合北方部分地区春季保护地早熟栽培，南方部分地区春、夏、秋季露地栽培。

（6）早红　从荷兰引进的早熟品种。植株中等大小，生长势较强，开展度 60 厘米左右。外叶 16 ～ 18 片，叶紫红色。叶球为卵圆形，基部较小，单球重 0.75 ～ 1.00 千克，亩产 2 000 ～ 2 500 千克。早红从定植到采收需 65 ～ 70 天。适合春秋保护地和露地栽培。

（7）喜庆　国外引进的早中熟品种。株型半直立，开展度 60 厘米。叶片紫色，叶脉红色，叶球扁圆球形、紧实，单球重 1.2 ～ 1.5 千克，亩产量 2 500 ～ 3 500 千克。定植后 75 天左右采收。适合南方地区种植。

（8）紫甘 2 号　北京市农林科学院蔬菜研究中心选育的中早熟品种。植株生长势强，开展度 56 厘米，叶面蜡粉多。叶球圆形、紧实，深紫色，单球重 1.5 ～ 2.0 千克，亩产量 5 000 千克左右。定植后 70 天左右收获。适合春秋两季栽培。

（9）超紫　从日本引进的杂交紫甘蓝品种。叶色深紫，叶球圆形，单球重 1.2 ～ 1.5 千克。裂球晚，耐贮运。定植后 70 天收获。适合春秋两季种植。

（五）茬口安排与播种期

紫甘蓝是一种既耐寒又耐热的蔬菜，根据品种的不同，通过分期播种，采用保护设施栽培，可实现周年供应。在长江流域，紫甘蓝基本上可分为 3 个主要栽培季节（图 2–2）。

图 2–2　紫甘蓝田间栽培

1. 秋冬栽培

一般在 7—8 月播种育苗，要求用

遮阳网、防雨棚育苗，避免高温伤苗，8—9月定植，11月至翌年2月供应上市。

2. 春季栽培

春季栽培在9月下旬至10月播种育苗，冬前定植，翌年春季4—6月上市供应。也可以于1—2月保护地育苗，3月上中旬定植。

3. 夏季栽培

夏季栽培在2—5月播种育苗（早春利用保温设施育苗），在苗龄30～40天定植，7—9月上市供应。另外还可利用大棚进行春提早栽培，12月下旬至翌年1月上旬保护地育苗，2月下旬定植。

华北地区主要以春、秋两季露地或保护地栽培。春露地栽培一般于1月中旬至2月中旬保护地育苗，4月上中旬定植，6月收获。秋露地栽培一般在6月中下旬播种，7月中下旬定植，10月收获。夏季冷凉山区，4月中旬至6月上旬播种，7—9月收获。春季温室栽培一般在12月上旬保护地育苗，2月中下旬定植，5月收获。秋季改良阳畦栽培在7月上旬育苗，8月上中旬定植，10月中下旬收获。

（六）栽培技术

1. 秋冬季栽培技术

（1）培育壮苗　紫甘蓝可以用普通苗床或穴盘育苗。育苗时间在7—8月，此时正值高温多暴雨季节，主要做好苗床防高温、暴雨的伤害。具体方法可参照甘蓝。

（2）定植　定植的大田，应选择土地肥沃、排灌方便的地块。定植前深耕晒垡后，施足基肥，一般每亩要施用腐熟厩肥、堆肥等 3 000 ～ 4 000 千克，复合化肥 50 千克。肥料与土壤耕耙混匀后，整地做畦。一般雨水多的季节或地区要做成深沟高畦。定植前一天苗床要浇透水，以利起苗多带土。如定植时正值气温高的时候，应选择阴天或晴天傍晚进行定植。定植密度要根据不同季节、不同品种而定，一般栽培株距 35 ～ 45 厘米，早熟种可栽得稍密些，亩定植 3 000 株左右。

（3）田间管理

① 水分管理。紫甘蓝喜湿润，但又怕渍，整个生长期间宜保持田间土壤湿润。在多雨季节，应及时清沟排水，防止根系发育不良，并可减少黑腐病和软腐病的发生。浇水要在早上或傍晚进行，避开中午高温。定植缓苗后，浇 2 ～ 3 次水，直到幼苗成活。随着植株生长，进入莲座期时，水分管理是夏秋紫甘蓝栽培成功的关键。一方面由于莲座期和结球期正处高温、强光季节，另一方面这时植株生长最快，生长量最大，水分供给要合理充足。结球中后期，要控制灌水，以防叶球开裂。

② 中耕锄草。定植后 10 天左右中耕松土 1 次，在植株周围锄透，可防止地面板结，促进土壤通气，以利于幼苗发根。莲座期结合灌水中耕锄草，远苗宜深，近苗宜浅，并向植株周围培土。在外叶封垄后，为防止伤害外叶，一般不再中耕。但若有杂草，应随时拔除。

③ 追肥。紫甘蓝需肥较多，除重施基肥外，生长期间还要追肥 3 ～ 4 次。幼苗定植活棵后，结合浇水追施一次提苗肥。进入

莲座期，叶片数迅速增加，此时要适当加大追施量，为形成叶球提供充足养料，每亩施尿素 10 ～ 15 千克，硫酸钾 5 千克，混合施用。紫甘蓝进入结球期后生长加快，生长量最大，充足的肥水是保证叶球长好的关键。结球期要结合浇水追肥 1 次，一般每亩追施尿素 15 ～ 20 千克，环施于株间，并及时浇水。

（4）病虫害防治　紫甘蓝抗性较强，病害总的来说发生不太重，但如栽培管理不当，特别是遇到不良气候时，常有病害发生。常见病害有黑腐病、软腐病、黑斑病、菌核病等。虫害主要有蚜虫、小菜蛾、菜青虫、夜蛾等。防治方法同甘蓝病虫害防治。

（5）采收　紫甘蓝进入结球末期，当叶球包合达到一定紧实度后，可根据市场需求和紫甘蓝本身成熟度分期分批采收。采收过早影响产量，若采收过迟，叶球容易开裂或腐烂。采收时要保留 2 ～ 3 片外叶，以保证叶球新鲜，其余外叶和损伤叶都要去掉，做到叶球干净，不带泥土（图 2–3）。

图 2–3　紫甘蓝收获

2. 春季栽培技术

（1）育苗　选择冬性强的品种，长江流域一般在 1—2 月采用温室、大棚等保护设施育苗。温度管理是冬春季育苗最重要的工作，苗龄一般为 70 ～ 90 天，整个育苗过程要根据各阶段对温度的需要进行调控。播种后至幼苗出土要尽量维持高温，争取早出苗，出齐苗。一般白天气温保持 20 ～ 25 ℃，夜间能达到 15 ℃为宜。大多数幼苗出土后，应及时通风降温，防止高脚苗，白天以 20 ℃，夜间以 11 ～ 13 ℃为宜。当幼苗具有 2 ～ 3 片真叶时，分苗 1 次，分苗后适当提高温度，白天 22 ～ 25 ℃，夜间 13 ～ 15 ℃，促进早缓苗。

定植前 10 天开始逐渐加大通风量，进行低温锻炼，白天保持在 15 ℃左右，夜间 7 ～ 8 ℃，在不受冻害的前提下，逐渐降到接近外界露地环境温度，有利于定植成活。苗期要注意通风降湿，浇水量不能大，一般浇足底水后，基本上不再浇水，保持床面以半干半湿为宜。如苗床湿度过大，要在苗床上撒干细土，既可以降湿，又可护苗。

壮苗的标准是具有 5 ～ 7 片真叶，下胚轴和节间短，叶片开展，大而肥厚，色泽深，叶柄短阔，茎粗壮，根系发达，无病虫危害，这样的苗定植后缓苗快，对不良环境和病虫害的抵抗力强。

（2）定植　定植前要施足腐熟有机肥，并增加磷、钾的用量，与土壤混匀后整地做畦。春季栽培时为了提高地温，可加盖地膜栽培，定植前 1 周完成做畦覆膜工作。一般采用高畦，地膜要拉紧铺平，与畦面贴紧，再压实封严。当日平均地温稳定在 5 ℃以上时才能定植。定植过早气温尚低，幼苗定植后恢复生长缓慢，根系吸收能力低，遇倒春寒时易发生冻害，同时还容易使大苗通过春化阶段，引起未熟抽薹。定植时幼苗要多带土，选晴天中午前后定植。由于前期还可能出现晚霜冻害，故定植后要及时浇水，这对于减轻冻害有一定作用。覆膜栽培的，定植后将定植孔和周围的地膜用土压严埋实。

（3）田间管理　前期由于气温和地温较低，植株生长量也小，浇水量不宜过大，缓苗后浇一次缓苗水。缓苗水可用稀粪水或每亩加施硫酸铵 7 ～ 10 千克，对增强幼苗的抗寒力有一定作用。莲座叶生长初期，植株根系已恢复正常生长，吸收能力也加强，要适当进行蹲苗，促进发根。到莲座叶旺盛生长时，结合浇水，每亩施尿素 15 千克，达到促进植株健壮生长的目的。到包心期，气温也逐渐升高，是紫甘蓝生长最快、生长量最大的时期，也是需肥水最大的时期，结合浇水追肥 2 ～ 3 次，每亩施硫酸铵 10 ～ 15 千克。叶球生长完成后，要停止浇水。

3. 保护地栽培技术

（1）品种选择　根据栽培方式，一般春大棚提早栽培，要选择抗寒性强的早中熟品种，如早红、普来米罗、特红 1 号等。对于秋延后栽培，要选择生长势强，前期耐热性好、耐贮运的中晚熟品种，如紫甘 3 号、紫萱等。日光温室栽培，应根据品种的特性和上市时间来安排品种和播种时间，一般选用早熟品种。

（2）育苗　春保护地栽培育苗一般于 12 月下旬至翌年 1 月上旬在温室或有较好保温条件的设施内进行。育苗方法可参照前面所述冬春季育苗方法，育苗关键是苗期加强温度管理，培育壮苗。秋延后保护地栽培育苗一般在 8—9 月进行，由于此时育苗期间正值高温、多暴雨时期，育苗方法参照夏秋季育苗法。

（3）定植　春保护地栽培，一般在 2 月中下旬定植。在定植前 15 天左右进行扣棚烤地，促使地温回升。每亩施腐熟有机肥 5 000 千克，磷肥和钾肥 50 ～ 100 千克。均匀撒施后，耕翻入土，整碎、耙平、做畦。盖地膜的要将畦面轻拍平整，并形成拱形，将地膜拉紧铺好后，四周用土压严、压实，按定植株行距在地膜上事先开好定植孔，也可以临时用刀划开。起苗前，苗床要浇透水，以保证起苗时幼苗根部土块完整，以减少根系损伤。

（4）定植后管理　定植后管理的关键是温度，紫甘蓝生长适宜温度是 20 ～ 25 ℃，叶球生长适宜温度为 17 ～ 20 ℃。定植后一般 7 天内不通风，促进缓苗。虽然紫甘蓝幼苗较耐寒，但如长期处在 6 ～ 8 ℃以下的低温，也会出现抽薹现象，因此夜间温度应控制在 10 ℃以上。当白天温度超过 25 ℃时，要通风降温。随着外界温度的逐渐升高，要适当加大通风量，使白天棚内温度不超过 25 ℃。进入结球期，保持白天温度 20 ℃，以利结球紧实。

不覆地膜的，定植活棵后要松土 3 ～ 4 次，兼除杂草，并提高地温，促进根系发育。由于早春温度低，浇完缓苗水后，前期一般不再浇水，或视田间情况，小水浇灌。生长后期，需水量增大，一般 10 天左右浇水 1 次。结球后期停止浇水，以防叶球开裂。到莲座期，结合浇水开始追肥，每亩施尿素 15 千克，促进营养生长。到结球期再追一次重肥，每亩施尿素 15 千克、硫酸钾 10 千克、磷肥 10 千克。

秋保护地栽培，定植及定植后管理可参照秋露地栽培方法。到初霜之前进行扣棚。扣棚初期，因气温尚高，要注意通风降温。随着气温降低，以后逐渐减少通风量。

（5）适时采收　根据市场需求，要及时收获上市，当结球达到一定紧实度后，即可陆续采收，以便获得较好的经济效益。

（七）贮藏与加工

紫甘蓝贮藏保鲜的温度在 0 ℃左右，空气相对含水量在 90%左右为宜。收获后的叶球，经过严格整理、加工，放入冷藏库内贮藏（图 2–4）。也可用塑料膜包装，调气保湿贮藏。

图 2–4　紫甘蓝冷库贮藏

紫甘蓝目前主要通过保鲜加工。将具有本品种特征，结球紧实，外观整齐，色泽正常，品质新鲜，无病虫害，无腐烂，无黄叶，无异味，无烧心，无焦边，无膨松，无侧芽萌发，无抽薹，无冻害，无裂球，无机械损伤的紫甘蓝挑出来，适当切除根茎，切除多余叶片，并擦去叶球上的泥土。然后根据直径将紫甘蓝分级，分级标准根据不同出口地区有所差异。如出口日本的保鲜紫甘蓝，按照球大小及每个盛装 10 千克叶球的标准纸箱所装叶球个数可分为：LL 级：单球重 1 300 克以上，每个标准纸箱装 7 个。L 级：单球重 1 200 ～ 1 300 克，每个标准纸箱装 8 个。M 级：单球重 1 000 ～ 1200 克，每个标准纸箱装 9 个。

三、抱子甘蓝

抱子甘蓝又名芽甘蓝、子持甘蓝。属十字花科芸薹属甘蓝种蔬菜，为甘蓝的变种。植株外形初期很像一颗不结球的甘蓝，植株高大，其中心不生叶球。而后茎伸长，周围叶腋着生许多小叶球，这种小叶球就是食用部分，正如子依附于母怀，故称抱子甘蓝。在适宜的生长条件下，小叶球能充分发育，球径可达2.5～3.0厘米。

抱子甘蓝原产地中海地区，由甘蓝进化而来。大约在200年前，抱子甘蓝就已作为蔬菜进行栽培了，自19世纪开始，欧美各国栽培盛行，已成为欧洲、北美洲国家的主要蔬菜之一。近年来，抱子甘蓝在国际市场上备受青睐，特别是在日本市场上也成为热销蔬菜，价格昂贵，经济效益高。

在我国历史上，抱子甘蓝与结球甘蓝实际上是同时传入我国的。但是，由于结球甘蓝产量高，抗逆性强，栽培容易，因此我国已大面积种植。而抱子甘蓝产品个小，产量较低，抗热力弱，栽培较难，种植面积远不及结球甘蓝普遍。近年来，随着人们对各种稀特蔬菜需求量不断增加，其种植面积也逐渐扩大。

抱子甘蓝具有珍奇、奇特、玲珑可爱、叶质柔软、纤维少、甘味多、品质较普通甘蓝优等特点，深受许多消费者喜爱，很有推广价值。抱子甘蓝以小叶球为产品，供食用，美味可口，营养价值极高，每100克可食用部分含蛋白质4.9克，是结球叶菜中含量最高的，脂肪0.5克、糖类8.3克、维

生素 B_1 0.14 毫克、维生素 B_2 0.16 毫克、维生素 C 100 ～ 150 毫克、纤维素 1.2 毫克、胡萝卜素 0.13 毫克、钙 35 ～ 40 毫克、磷 80 毫克、铁 1.5 毫克，以及微量元素铜、锌、锶、硒、钼等，是一种营养丰富，并有壮筋骨、利脏器和清热止痛，以及对人体有保健作用的珍贵特色蔬菜。

抱子甘蓝小叶球的食用方法很多，可清炒、清烧、凉拌，也可做汤料、火锅配菜等。最简便的食法是将小叶球洗净，用小刀在叶球的基部割成“–”形或“+”形，切割的深度约为小叶球的 1/3，然后放在已加少量盐的沸水中煮 3 ～ 7 分钟，捞起后沥去余水，浇上各自喜爱的调料，如黄油、奶油、生抽酱油和蚝油或肉汁等拌匀，即成小包菜色拉。也可以用高汤煮熟直接食用，外观碧绿诱人，风味独特，是特菜中的名品。

（一）形态特征

抱子甘蓝的主根不发达，须根多，主要分布在 30 厘米深处。其根的吸收能力很强，有一定的抗旱、耐涝能力。根系的再生能力较强，适于移栽。

主茎直立且高大，依不同品种茎高有差别，一般高度在 50 ～ 100 厘米。抱子甘蓝的顶芽和侧芽均很发达，顶芽开放不断抽生新叶，形成同化叶，养分主要贮存于各个腋芽中，但茎顶端不包心成叶球。

叶片较小，叶柄长，叶近椭圆形或圆形，叶缘上卷，呈勺子形，表面皱褶不平，叶数多达 40 片以上，着生于茎部。每个叶腋的腋芽，能相继膨大发育成小叶球。小叶球呈扁平状，直径 2 ～ 5 厘米，小叶球外部叶为深绿色，叶柄明显；小叶球内部为浅绿色，叶柄不明显。按叶球的大小又分为大抱子甘蓝（直径大于 4 厘米）及小抱子甘蓝（直径小于 4 厘米）。每株所产的小叶球数因品种不同而不同，一般每株可产 40 个小叶球，多的每株可产 70 ～ 100 个小叶球。

营养体经低温春化后，在长日照条件下，抽薹开花，为复总状花序，完全花。花瓣黄色，呈“十”字形排列。异花授粉，不同品种间容易杂交，也与同属的甘蓝、花椰菜、芥蓝等易于杂交。

抱子甘蓝的果实为长角果，一般授粉后约 40 天种子成熟。种子圆球形，红褐色或黑褐色，千粒重 4 克左右，使用年限一般为 3 年。

（二）生长发育过程

抱子甘蓝为二年生蔬菜，第一年形成营养贮藏器官，经过冬季感受低温而通过春化阶段，第二年春季在长日照适温条件下抽薹、开花而结实，其生长发育过程包括营养生长期和生殖生长期。营养生长期包括发芽期、幼苗期、芽球生长期、芽球形成期。生殖生长期包括抽薹期、开花期和结果期。

（三）生长发育对环境条件的要求

1. 温度

抱子甘蓝性喜冷凉气候，耐热力弱，耐寒性较强，气温即使

降到 –4 ～ –3℃，也不至受冻害，能短时间耐零下 13 ℃或更低的温度。但是，耐热性不如甘蓝。抱子甘蓝在生长期间的适温为 18 ～ 22 ℃，温度降低至 5 ～ 6 ℃，则茎叶生长受抑制。小叶球形成期要求白天温度为 15 ～ 22 ℃，夜间温度为 9 ～ 10 ℃，昼夜温差 10 ～ 15 ℃最好，有利于叶球形成和养分积累。当温度高于 23 ℃以上时，不利于叶球的形成，而且小叶球易开裂、腐烂。

2. 光照

抱子甘蓝属长日照植物，对光照要求不太严格。但是光照充足时，植株生长旺盛、健壮，小叶球较大并紧实。但在叶球形成期如遇高温和过强光照，则不利于芽球的形成。如果光照不足，植株易徒长，节间伸长，叶球变小。

3. 水分

抱子甘蓝不耐干旱，要经常保持土壤湿润。但又不耐涝，不能积水。各个生育时期对水分要求也不同，前期茎叶生长期，土壤与空气保持适当湿度，但如水分过多，田间湿度过大，则易导致植株根际腐败而枯死；反之，干旱过久，幼苗长时间处于干旱环境，也会导致幼苗萎缩、衰弱或枯死。长到 10 片真叶时，生长趋于旺盛，抵抗不良环境的能力也不断增强，这时期要求较高的土壤湿度；而到叶球形成期，又要求空气干燥，否则不利于结球。

4. 土壤

抱子甘蓝对土壤的适应性广，但以土层深厚、富含有机质、保水保肥力强的壤土或沙壤土为最适宜。抱子甘蓝要求土壤适宜的 pH 值为 6.0 ～ 6.8，在微酸性土壤下，有利于植株生长。如土壤过于沙化，不利于形成充实的叶球。

（四）类型与品种

1. 栽培类型

抱子甘蓝按植株高矮分为矮生种（株高 50 厘米左右）和高生种（株高达 100 厘米以上）（图 3–1、图 3–2）。前者特点是生长快，生长期较短，适合早熟栽培，芽球密生而数少，叶球大；后者生长缓慢，大多为晚熟种，叶球疏生而多，一般每株有 60 个以上，因此产量较高，生产上栽培较多。按叶球大小又可分为大抱子甘蓝（直径在 4 厘米以上）和小抱子甘蓝（直径在 4 厘米以下）。前者产量高，品质稍差；后者产量稍低，品质好。另外还可以根据定植至采收时间长短分为早熟、中熟和晚熟种。早熟种定植后 90 ～ 110 天采收，中晚熟种定植后 110 ～ 115 天采收。

图 3–1　抱子甘蓝矮生种　　图 3–2　抱子甘蓝高生种

2. 主要品种

（1）早生子持　从日本引进的杂交一代早熟品种，定植后 90 天左右采收。植株前期生长旺盛，节间短，株高 100 厘米左右。叶绿色，蜡粉较少。小叶球圆球形，球径 2.0 ～ 2.5 厘米，绿色，整齐而紧实。单株结球较多，大约能收 90 多个，品质优良。在高温和低温条件下均能良好结球，顶芽也能形成叶球。

（2）绿宝　江苏省农业科学研究院蔬菜研究所选育的早熟品种。定植后约 90 天后收获。株型直立，株高 60 厘米左右，生长整齐。外叶翠绿，小叶球圆整、紧实，心叶黄，质地脆嫩。单株叶球 70 多个。采收期长。

（3）绿珠一号　上海市动植物引种中心选育的中早熟品种。株型直立，株高 70 厘米。外叶翠绿、平展。小叶球圆整、紧实，心叶乳黄。单株叶球 80 多个，采收期长，可延后采收。

（4）卡普斯　从丹麦引进的品种，早熟，定植后 90 天收获。矮生型，株高 40 厘米。叶绿色，腋芽密生。叶球圆形，中等大小，绿色，质地细嫩，品质好，单株叶球 60 多个。

（5）翠宝　江苏省农业科学研究院蔬菜研究所选育的中熟品种。定植后约 110 天收获。 株型直立，株高 100 厘米。外叶绿、匙形，小叶球椭圆形、紧实、整齐。心叶黄。单株叶球 80 多个。

（6）探险者　从荷兰引进的品种，晚熟，定植后 150 天采收。植株中高至高型，生长健壮。叶绿色，有蜡粉。单株结球多，叶球圆球形，光滑紧实，绿色，品质极佳。耐寒性强，适合早春、晚秋露地栽培和冬季保护地栽培。

（7）沪抱 1 号　上海市农业科学院园艺研究所选育的早熟品种。定植后约 85 天采收。植株生长势强，株高 91 厘米。叶色深绿。小叶球高圆形、较紧实，叶球绿色，新叶嫩黄。单株叶球

54个。亩产量1 197.5千克。

（8）福兰克林　从荷兰引进的早熟品种。生长期较长，定植后120天采收。生长势旺盛，株高100厘米左右。外叶绿色。小叶球圆形、紧实，绿色。单株叶球60个左右，球产量约600克。每株可采收叶球60个左右。适合在我国长江流域种植。

（9）绿橄榄　从荷兰引进的抱子甘蓝新品种。植株抗病性强，耐寒性好。小叶球叶质柔软，纤维少。单株叶球40～45个。适合在长江流域露地种植。

（10）湘优绿宝石　隆平高科湘研蔬菜分公司选育的早中熟品种。植株长势强健，顶芽和侧芽均很发达。株高65厘米。小叶球紧实、较细。定植后91天开始采收。耐寒，抗病性好，秋冬季一般少有病害发生。单株可采收叶球50个左右。亩产量1 300千克左右。

（11）增田子持　日本引进的中熟品种，定植后120天左右开始收获。植株生长旺盛，节间稍长，高生型品种，株高100厘米左右。叶球直径3厘米。不耐高温，宜秋播，冷凉时结球适宜。

（五）茬口安排与播种期

南方冬季温暖、夏季炎热的地区，露地栽培只能秋播，即7月中下旬至8月上旬播种育苗，9月中旬定植，12月中旬至翌年3月收获。长江中下游地区播种适期为6月下旬至7月下旬，11月至翌年3月收获。露地春栽的，1—2月保护地育苗，3月定植，5—6月始收；或3月上中旬育苗，4月定植，7—10月采收。

高山地区宜在春季 4 月播种，9—10 月直至翌年 2—3 月供应。华北地区春季露地栽培要用早熟品种，2 月上旬保护地育苗，3 月下旬至 4 月上旬扣小棚定植于露地，6 月下旬收获完。春季温室栽培用早熟品种，1 月上中旬保护地育苗，2 月中下旬定植，5 月中下旬收获。秋季露地栽培用早熟种，于 6 月上旬育苗，7 月中下旬定植，10—11 月上旬收获。秋季温室栽培用中晚熟种，6 月中下旬育苗，7 月下旬定植，始收 11 月中下旬，可收获至第二年 3 月。北方冬季寒冷的地区宜于春季 4 月上旬在保护地育苗，5 月下旬或 6 月上旬定植露地，8 月中下旬开始采收，到 11 月结束（图 3-3、图 3-4）。

图 3-3　抱子甘蓝露地栽培

图 3-4　抱子甘蓝大棚栽培

（六）栽培技术

1. 秋季栽培技术

（1）育苗　最好采用穴盘育苗或营养钵育苗，精量播种，以提高成苗率。育苗基质可直接购买，也可自己配制，一般用炉渣、糠灰、蛭石各 1 份，每立方米基质加入 1 千克尿素和 1.2 千克磷酸二氢钾；或将已腐熟的厩肥过筛后与糠灰、蛭石各 1 份进行混合拌匀，并用 50% 多菌灵 1 000 倍液喷洒消毒，同时使基质含水量达 85% ～ 90%。育苗方法参照青花菜的育苗方法。当苗龄达 35 天左右、秧苗有 5 ～ 6 片真叶时即可定植。

（2）定植　抱子甘蓝生长期长，植株高大，需肥较多，应定植于土质肥沃、排水良好的地块。种植的田块要早耕、深耕、晒垡，施入充足的有机肥。每亩可施入腐熟的有机质肥 4 000 ～ 5 000 千克，复合肥 50 千克，耕耙整平后做畦，如地势高、排灌方便的沙壤土地区，可开浅沟或半高畦栽培；如果土质黏重，地下水位高，易积水或雨水多的地区，则宜做高畦。定植密度应根据不同品种、栽培季节和栽培方式确定。长江流域用中晚熟高生种，一般采用单行定植，畦宽（连沟）1.2 米，株距 40 ～ 50 厘米，亩植苗 1 200 ～ 1 400 株；矮生种双行定植，畦宽（连沟）1.4 米，株距 50 厘米，亩植苗 1 800 ～ 2 000 株。起苗前苗床应浇透水，挖苗多带土，以保护根系，定植后浇足水。

（3）田间管理

① 肥水管理。定植后要浇足定根水，3 ～ 5 天浇 1 次缓苗水。但为促进根系发育，培育健壮的营养体，浇过缓苗水后，即开始控水蹲苗，但控水时间不宜过长，一般早熟品种为 7 ～ 10

天，中晚熟品种可长些，并且要注意保持一定的土壤湿度，不可过于干旱而影响生长。结球前期，应经常保持土壤处于湿润状态，土壤见干就应及时灌水。雨季要注意及时排除积水，以免影响植株正常生长。结球期要适当浇水，有利于小叶球生长发育。

抱子甘蓝生长期长，需肥量多，在施足基肥的基础上，生长过程中还要多次追肥才能满足需要。追肥应以氮肥为主，钾肥次之，磷肥较少。追肥次数应根据土壤肥力和生长状况确定，一般要追 3 ～ 4 次肥。第一次在定植成活后施 1 次薄肥，以利植株恢复生长，可用粪尿或尿素，每亩施用尿素 7 ～ 10 千克，追肥后培土。定植后 25 ～ 30 天进行第二次追肥，每亩施用复合肥 15 ～ 20 千克，促进植株的营养生长，使植株结球前能够达到足够的外叶数。第三次在小叶球形成初期，以促进叶球的发育和膨大，每亩施尿素 15 千克，另在叶面喷施 0.3% 的磷酸二氢钾，每周喷 1 次，连续喷 3 次。第四次追肥在叶球采收期进行，植株下部叶球陆续采收，上部叶球不断形成，需要消耗大量养分和水分，所以应及时追肥，以利于提高产量和品质。

② 中耕除草和培土。抱子甘蓝定植缓苗后，应及时做好中耕除草和根际培土工作。抱子甘蓝的主根不发达，须根多，分布土层较浅，通过中耕可刺激根系向土层深处生长。中耕可调节土壤水分，进而协调土壤各肥力因素，并有蹲苗促壮的作用。中耕可结合追肥进行，以覆盖肥料，减少养分损失。通常早熟品种中耕 2 ～ 3 次，晚熟品种中耕 3 ～ 4 次。第一次中耕可适当深些，应全面锄透。以后因植株进入莲座期，逐渐长高，可轻中耕，并向根部培土，以免刮风下雨时，植株倒伏或摆动过大，影响叶球形

成和膨大，造成减产。

③ 立支柱和摘除病叶、老叶。抱子甘蓝植株较高大，特别是高生种，形成的叶球又较多，易形成头重脚轻，容易倒伏。防倒伏的具体措施：一是要加强肥水管理，培育强壮植株。二是在植株长到近 40 厘米时，应及时立支柱，下部插牢固，上部用绳绑茎，以防倒伏。三是对于植株基部结球不良的腋芽和下部的病叶要及时摘除，减少养分消耗，有利于通风透光。四是在小叶球发育膨大阶段，叶柄会压迫叶球，使叶球畸形，影响外观品质，所以在叶球膨大后，除保留上部的新叶外，要摘除老叶，自下而上分几次进行。五是通过打顶摘心，促进叶球生长。

（4）病虫害防治 抱子甘蓝的虫害主要有小菜蛾、菜青虫和蚜虫。抱子甘蓝的病害主要有立枯病、根肿病、霜霉病、黑腐病、软腐病等。具体防治参照甘蓝病虫害防治。

（5）采收 抱子甘蓝要适时采收，当叶球充分发育膨大，结球紧实，达到本品种标准大小即可采收（图 3–5）。在高温季节，有些叶球抱得不紧或易松散，应适当提前收获，不应留在植株上，以免影响后生叶球的充实。开春后气温回升，叶球容易开裂抽薹，应及时采收。如采收过晚，叶球开裂，质地变粗硬，失去风味，商品性降低。

图 3–5　抱子甘蓝收获

抱子甘蓝沿着茎自下而上

逐渐形成小叶球，因此，总是下部的叶球先成熟，故采收一般要从下部开始，依次向上陆续采收，根据具体情况也可上下同时有选择地采收。通常每隔 5 ～ 7 天收 1 次，一般可采 6 ～ 7 次。

采收时用小刀沿着茎，从小叶球基部横切割下。去掉小叶球外叶即可。由于采收小叶球费时费工，近年来，国外已选育出结球较整齐的品种，通过摘除顶芽，促进叶球生长均匀一致，成熟度一致，可以利用机械一次性采收。

2. 春季栽培技术

（1）育苗　抱子甘蓝易通过春化阶段，适时播种是抱子甘蓝栽培成功的技术关键。长江中下游地区春季露地栽培，一般于 1 月在保护设施内育苗，晚熟品种可适当提前到 12 月中旬播种。苗期要做好温度管理。播种至出苗，苗床要保持 23 ℃左右，以保证快出苗，出齐苗。幼苗出土后，苗床温度可降低至 18 ～ 20 ℃。分苗前温度降低到 16 ℃左右。分苗后温度仍参照小苗期间的温度管理。苗期要适当浇水，浇水量不能过大，以半干半湿为宜。如水分过大，要在床面撒干细土，或在满足温度条件下，利用通风来降湿。对弱苗、病苗及过密的苗要及早去除，使幼苗生长健壮，长势一致。定植前 1 周开始低温炼苗。

（2）定植　长江中下游地区一般在 3 月上中旬定植，如利用小拱棚可提前 10 天左右定植。华北地区在 3 月底至 4 月中旬定植。为提高地温，要加盖地膜，以利成活。定植前，深耕晒垡，施足基肥后做高畦，盖上地膜。起苗时要多带土，少伤根，选晴天中午前后定植。定植后浇定根水，然后以畦沟中细土逐株封好栽植洞口，地膜上其他地方如有破口，也要用土封好，达到保水、保温、防杂草的目的。

（3）田间管理　前期气温低，植株生长量小，应加上覆盖地膜，活棵以后就不用浇水。随着后期气温升高，可根据田间墒情，适量浇水。春季雨水较多，要注意雨后及时清沟排水，以免造成植株生长不良。

活棵后，一般在定植后1周，追薄肥1次，每亩施尿素5千克。定植后20～30天，追1次肥，每亩施尿素15千克。到结球期再追1次，施用量同第二次。

其他管理如立支柱和摘除病叶、老叶可参照秋季栽培。

3. 保护地栽培技术

（1）品种选择　保护地栽培应选择适应性广、抗寒性强、品质优良的中熟和晚熟品种，其采收期和供应期都较长。也可选用抗寒性强的早熟品种，错开播种时间，延长供应期。目前可供选择的中晚熟品种有增田子持、翠宝和探险者；早熟品种有绿宝、沪抱1号等。

（2）适时育苗　作秋延后栽培，长江中下游地区8月下旬开始育苗，往北播种时间可逐渐提前。苗期正值高温季节，要采取措施防止高温及风雨影响，可通过遮阳、适当浇水等措施来控制温度。苗床育苗要及时疏苗，以促进根系发育，培育壮苗。当幼苗具3～4片真叶时，应进行分苗，分苗后应遮光1～2天，白天温度保持20℃左右，可以促进幼苗生长。

春大棚栽培，苗期关键是保温控湿。播种后白天温度应保持22℃左右，以利齐苗。出苗后苗床温度可适当降低到18℃左右。苗期注意防病虫害，定植前一天浇透水，以利带土坨定植。

（3）适时定植　幼苗有5～6叶、苗龄30天左右即可定植。定植时为促早活棵，要选择阴天或晴天傍晚进行。春播的苗龄较长，一般45天以上才能定植。定植前要做好整地施肥工作，亩施优质农家肥4 000～6 000千克，加复合肥30千克，混匀后施于地面，耕细耙平，做成小高垄，覆膜双行栽培，株距40厘米，亩栽2 000～2 200株。

（4）田间管理　定植缓苗后应及时浇水，3天后再浇1次缓苗水。缓苗7天左右浅中耕1次，控水4～5天，促使扎根。以后土壤缺水应及时补充，保持田间土壤湿润，土壤含水量经常保持在70%～80%。发棵期到芽球膨大期，逐渐增加浇水次数。进入叶球采收期，外界温度较低，15～20天浇水1次。定植缓苗后，结合灌水每亩施用硝酸铵20千克。小叶球形成期每亩追施硝酸铵10～15千克，促进小叶球发育膨大。分期采收的，每采收1～2次，根据生长情况可适当补施肥料。

为防止土壤板结，增强透气性，定植缓苗后应及时锄地松土，以提高地温，促进根系发育。莲座期前应松土3～4次，每次浇水后也应适时中耕。

定植后的缓苗期，宜保持较高的温度，白天温度控制在20～27 ℃，夜间温度控制在13～15 ℃，以促进缓苗。缓苗后可适当降温，白天温度控制在16～20 ℃，不超过25 ℃，夜间温度控制在10 ℃左右，不低于5 ℃。叶球形成期，需要较低温度，白天温度控制在13～16 ℃，不宜超过20 ℃，夜间温度控制在7～10 ℃，不高于10 ℃，不低于5 ℃。

其他管理措施可参照露地栽培进行。但在保护地内，因空气湿度较大，病害发生更重，应注意管理和防治。

（七）贮藏与加工

抱子甘蓝很易腐烂，采收后要很快预冷，然后分级包装上市。在 0 ℃左右、空气相对含水量 95% ～ 98% 的条件下，可贮藏 6 ～ 8 周。也可将采收的小叶球用打了孔的保鲜膜包装，每 0.5 ～ 1.0 千克装 1 袋，再用纸箱盛装，放在 95% ～ 100% 的空气相对含水量下，可贮存 2 个月。经速冻处理后可冷藏 1 年，仍能保持新鲜品质。

抱子甘蓝可以腌制、加工制罐头及速冻等。腌制可分为发酵性腌制和非发酵性腌制。发酵性腌制食盐用量较少，利用有益微生物乳酸菌在低浓度食盐溶液中进行乳酸发酵，使糖类物质发酵生成乳酸，从而有效地抑制有害微生物的活动，达到长期保存的目的。如制作泡菜，将小叶球挑选洗净沥干，适当切分或不切分，放入已配制好的盐水与香辛料混合液中，盐水浓度一般在 2% 左右，然后盖好坛口，经数天后便可食用。非发酵性腌制在腌制时，食盐用量较多，主要是利用食盐及其他调味品保藏制品，如盐渍菜类，就是用食盐或食盐水盐渍而成。

罐头制作程序：将原料进行挑选后加工整理，用清水洗净，切分或不切分，再浸入温度为 95 ℃以上的 0.1% 柠檬酸水溶液中漂烫，经 1 ～ 2 分钟后取出，放入冷水中冷却，并沥干装罐。根据需要加入适量香辛配料，然后加入糖、食盐、醋酸的混合液，抽空密封，在 100 ℃下杀菌 5 ～ 30 分钟，杀菌后快速冷却至罐中心温度 40 ℃左右。

四、青花菜

青花菜别名绿花菜、茎椰菜、西兰花、意大利芥蓝。是十字花科芸薹属甘蓝种的一个变种，一二年生草本植物。以其主茎和侧枝顶端形成的花球供食用。

青花菜原产于地中海沿岸的意大利。19 世纪末 20 世纪初传入我国，但栽培面积一直很小。随着对外开放，近年来青花菜在我国沿海大中城市附近地区的发展很快，种植面积迅速扩大，且大部分出口外销。

青花菜是一种营养价值很高的高档蔬菜，而且味道鲜美，颜色漂亮。据分析测定，每 100 克鲜花球中含蛋白质 3.6 克、糖 6.2 克、脂肪 0.3 克、钙 73 ～ 100 毫克、磷 78 ～ 115 毫克、铁 1.1 毫克、维生素 C 110 毫克、维生素 A 120 毫克、胡萝卜素 2.5 毫克，另外还有丰富的维生素 B_1、维生素 B_2 和多种微量元素。它的蛋白质含量是番茄的 4 倍，是花椰菜的 3 倍；维生素 A 含量是花椰菜的 4 ～ 5 倍；维生素 C 含量是甘蓝和白菜的 1 倍，是花椰菜的 2 倍；胡萝卜素含量是花椰菜的 40 多倍。

青花菜不仅可煮、炒、油烩、做汤、凉拌等，还可以制作泡菜、腌菜等。青花菜烹调后绿色不变，清香柔嫩，色、香、味俱佳。法国和美国科学家研究发现，青花菜含有抗癌物质，具有杀死导致胃癌的幽门螺旋杆菌的神奇功效。目前，我国青花菜栽培，其产品除了鲜销市场外，大多通过保鲜、速冻、脱水加工后出口，经济效益显著，很受种植户的欢迎。

（一）形态特征

青花菜主根明显，根系发达，根群主要分布在40厘米以内的耕作层内，根系再生能力强。

青花菜植株高25～50厘米，茎周皮在生长过程中逐渐木质化，支撑叶和花球。主茎顶端经花芽分化后，形成主花球。茎部每一叶腋芽萌生能力强，当主花球采收后可迅速生长形成侧枝，顶部再形成侧花球。茎中部是薄壁细胞构成的髓部，同样有很好的食用价值和营养价值。

青花菜叶色蓝绿或深蓝色，叶面蜡粉量因品种而异。叶形有阔叶型和长叶型两种，叶柄明显，狭长，叶缘呈锯齿状，缺刻较深，叶片基部有翼状裂片少许，叶片互生于主茎上。早熟品种一般长至17片真叶时形成花球，中晚熟品种一般长至22片真叶时形成花球。

青花菜的花球由肉质花茎、小花梗和青绿色的花蕾群所组成，花球结构较松软。主茎顶端着生的花球较大，侧花球较小，一般只有3～5厘米。花球形成后，条件适宜时，花茎可迅速伸长形成花薹，其上着生复总状花序，花蕾从花茎基部开始依次向上开放。

开花后在昆虫等传粉下受精结实。果实为角果，角果长7～9厘米，每荚含种子10～16粒。种子成熟后较饱满，圆形，种皮颜色有浅褐色、褐色、红棕色等。千粒重2.5～4.0克。

（二）生长发育过程

青花菜的生长发育经历发芽期、幼苗期、莲座期、花球形成期和开花结实期5个时期。发芽期、幼苗期和莲座期为植株营养生长期。当莲座期结束时，主茎顶部开始出现花球，植株进入生殖生长阶段，花球逐渐发育。当外界条件适宜时，花球可开花结果。

青花菜营养生长状况与花球发育是密切相关的。植株根、茎、叶等营养器官的生长状况是花球发育的基础。如果植株营养生长不良或茎叶尚未充分发育时花芽便已分化，会使花球小而产量降低。

1. 营养生长期

（1）种子发芽期　从播种到子叶展开、第一片真叶露心，共需7～10天。发芽时间长短主要取决于温度。种子发芽和出苗主要靠种子自身贮藏的养分。

（2）幼苗期　从第一片真叶露出到5～6片真叶展开，需30天左右。一般冬春季育苗，时间较长；而夏、秋季育苗需时稍短。

（3）莲座期　从5～6片真叶展开到植株长有17～20片叶封垄，经历时间长短因品种和栽培条件差异较大，一般在30～50天。

2. 生殖生长期

（1）花球形成期　从主茎顶端形成0.5厘米大小的花球到花球长足采收，需30～40天。

（2）开花结果期　从花球边缘开始松散，花茎伸长抽薹，开花结籽直到种子成熟，需 100 ～ 120 天。经历花茎伸长、开花和结籽 3 个阶段，其中开花期 40 ～ 50 天，结籽期 50 ～ 60 天。

（三）生长发育对环境条件的要求

1. 温度

青花菜属半耐寒性蔬菜，性喜温和、凉爽的气候条件，不耐高温炎热，但植株长势强，有一定的抗寒、耐热能力。种子发芽适温为 22 ～ 25 ℃。幼苗期生长适温为 18 ～ 22 ℃，可短时间忍耐 –10 ℃的低温和抗 35 ℃的高温。莲座期生长适温为 20 ～ 22 ℃。花球发育以 16 ～ 18 ℃为宜。温度高于 25 ℃，则花球发育不良，低于 5 ℃，则花球生长缓慢，但能忍耐轻霜冻。

青花菜品种不同、植株大小不同，完成春化过程对外界温度的要求也不同。一般早熟品种在 23 ℃以下低温时，花芽即能分化；中熟品种在 10 ～ 15 ℃以下，花芽能分化；而晚熟品种则要求 10 ℃以下的低温。因此，品种熟性越晚，完成春化所要求的温度越低，时间也越长。

2. 光照

青花菜属长日照植物，对日照长短要求并不十分严格。长日照能够促进花球形成，光照充分有利于植株生长健壮，形成强大的营养体，同时有利于光合效率提高和养分的积累，使花球发育良好。但在阳光强烈的夏季，温度必然过高，又不利于植株的生长，特别是结球期，光照过强会形成焦蕾和散球。

3. 水分

青花菜喜湿润环境，在整个生长过程中，对水分需求量较大，适宜的土壤相对含水量为 70% ～ 80%。尤其是莲座期和结球期，如果持续干旱，就会导致青花菜叶片缩小，营养体生长受抑制，出现提早现蕾，花球发育小，易老化，大大降低花球品质和产量。但青花菜也不太耐涝，如湿度过大，特别是地势低洼或多雨季节等常会引起烂根及黑腐病、黑斑病的发生。

4. 土壤及营养

青花菜对土壤适应性较广，但以 pH 值 6 左右、排灌良好、耕层深厚、土质疏松、富含有机质的壤土或沙壤土种植最好。青花菜整个生长期间需肥较多，生长前期植株对氮肥需要量较多，要施足底肥，不断追肥，促进营养生长。花芽分化后，对磷肥、钾肥需求量相对增加。花球发育过程中对硼、镁、钼等微量元素肥料需求量也较多，如缺少，会引起球茎中空，花球表面变褐，叶片易老化等。

（四）类型与品种

1. 栽培类型

青花菜按成熟期分，有极早熟品种（从播种到采收 90 天以内）、早熟品种（从播种到采收需 90 ～ 100 天）、中熟品种（从播种到采收需 100 ～ 120 天）和晚熟品种（从播种到采收需 120 天以上）。根据植株分枝能力，青花菜可分为主花球专用品种（以采收主茎顶端花球为主，侧枝发生少）、主侧花球兼用品种（当主花球采收后，侧花球能迅速生长并可采收，产量构成仍以主花球为主）（图 4–1、图 4–2）。

图 4-1　主花球专用品种

图 4-2　主侧花球兼用品种

2. 主要品种

（1）里绿　日本早熟品种，生育期约 90 天。侧枝发生较少，为顶花球专用品种。株高 52 厘米，开展度 62 厘米左右，株型紧凑，可适当密植。植株生长较旺盛，耐热抗病性强。花球平大，花蕾中等粗细，色泽深绿，适合鲜销，也可速冻加工。单球重 300 ～ 400 克。适合春、夏秋露地栽培。

（2）瑞绿　日本中早熟品种，生育期 95 天左右。为主花球型。株高 40 ～ 50 厘米，开展度 65 厘米。花球半球形，球径 14 厘米左右，花茎稍短，花蕾中等粗细。可鲜销或速冻加工。单球重 300 ～ 400 克。适合春、夏秋季栽培。

（3）优秀　日本中熟品种，生育期 100 天左右。生长势旺，抗病性强，适应性广。株高 60 厘米，开展度 65 厘米。花球紧实圆正，鲜绿色，呈半球形，花蕾细小，品质好，适合保鲜出口。单球重 400 ～ 500 克。适合秋季栽培。

（4）山水　日本中熟品种，生育期 105 天左右。植株较直立高大，生长势强，叶片蓝绿色。花球紧实，花蕾细小，呈高圆形，球色深绿，适合保鲜和速冻加工出口。单球重 400 克以上。

适合秋季栽培。

（5）喜鹊　日本中熟品种，生育期90天左右，花蕾细密，球形美观，耐寒性强，茎秆粗壮，产量高，单球重约700克。适合秋季栽培。

（6）炎秀　日本中熟品种，定植后70～75天收获，花球重350～400克，球形圆整，色泽好，植株直立，耐抽薹性稳定，栽培适应性广，耐热性好。适合春、秋季栽培。

（7）绿岭　日本中熟品种，生育期110～120天。植株生长旺盛，高60～70厘米，开展度70厘米左右，侧枝发生中等，可作主侧花球兼用种。叶色为深绿，叶面有蜡粉。花球半圆形，紧密，球色浓绿色，球形美，花球重500克。丰产性强，植株耐热、耐寒性强，生产适应性广，适合春、秋季栽培。

（8）绿秀　韩国中熟品种，生育期110～120天。生长势强，株高56厘米，开展度80～90厘米，叶色深绿。为主侧花球兼用品种。花球紧实，呈半球形，球径15厘米，单球重400克左右。适合春、秋季栽培。

（9）绿雄90　日本中晚熟品种，生育期125天左右。植株直立，抗性强，叶片浅绿色。株高65～70厘米，花球半圆形，花蕾细小，较圆正。适合鲜销，也可以保鲜、速冻加工出口。单球重450～500克。适合秋冬季栽培。

（10）久绿　日本中熟品种，生育期120天。生长势旺，抗病性强。开展度70厘米，侧枝较发达。花球半圆形，圆正，绿色，适合速冻加工出口。单球重达400克以上，大的可达650克。适合春、秋季栽培。

（11）圣绿　日本晚熟品种，生育期140天。长势旺盛，抗病、耐寒性强，开展度70厘米，外叶绿色，为主球型。花球近半球形，花球紧密，花蕾细致整齐，球径15厘米。适合保鲜出口，单球重500克左右。适合秋冬季栽培。

（12）耐寒优秀　日本坂田中熟品种，生育期95～100天，花球重量400～500克，大圆球形，花球紧密，花蕾粒小。植株形态稍直立，大小适中，侧枝少。栽培适应性广，每亩栽植2 000～2 300株。

（五）茬口安排与播种期

青花菜适应性较强，采用不同熟性的品种，在我国大多数地方可实现青花菜春、秋两季栽培。但由于花球形成期和膨大期均要求较温和的气候条件，才能获得优质高产，特别是以出口为主，对花球质量的要求很高，因此生产上要严格掌握不同品种花球发育的适合温度，选择适合的栽培季节和方式。长江中下游地区主要栽培方式如下。

1. 秋季栽培

播种适期为7月中旬至8月下旬，进行早中晚熟品种搭配播种育苗，采收期自10月中旬开始，可持续至翌年3月。为了提早上市，也可选用耐高温的极早熟品种，提前至6月中旬至7月中旬播种，采收期可提前到国庆节。

2. 春季栽培

一般要在温室、大棚等保护地设施内育苗，在12月中旬至翌年1月中旬播种，到3月移植至露地定植，5月中下旬采收。

由于春季栽培苗期和生长前期是在低温中度过的，有些早熟品种，遇到低温会早期现蕾，影响花球产量和质量，因此要选择冬性强、不易发生早期抽薹的早中熟品种，如里绿、久绿等。也有利用保护地栽培的，播种时间可提前到12月上旬，翌年2月中下旬定植，4月中下旬采收。

3. 夏季高地栽培

夏季及早秋气温高，青花菜无法栽培，而保鲜青花菜又难以保存到8—10月，利用高地栽培是利用海拔高度在800米以上的山区夏季气温清凉的特点，在4—5月播种，可使产品在盛夏7—9月上市。

（六）栽培技术

1. 秋季栽培技术

（1）播种育苗　秋季栽培，育苗期间正值高温多雨之际，要在苗床上搭设防雨遮阴棚（图4–3）或在大棚盖顶加遮阳网（图4–4）。最好用育苗盘育苗，育苗基质可以购买，也可以自己配制。装土之前，用水调节基质含水量至60%左右，即用手紧握基质，基质成团，而又无水渗出。将预湿好的基质装入穴盘（图4–5），用小木板轻轻敲打穴盘，使基质充实，再将盘面刮平，然后将装好基质的穴盘放在浇水处，统一用喷壶反复将基质浇透水，再压播种孔（图4–6），孔深0.5厘米。每个孔内播1粒种子（图4–7），播后覆盖基质，并用小木板将盘面刮平（图4–8），再浇一遍水，以基质见湿为宜，盘面再盖废报纸或遮阳网等保湿。

图 4-3　搭遮阴棚育苗

图 4-4　大棚盖顶加遮阳网育苗

图 4-5　穴盘装营养土

图 4-6　用穴盘压播种孔

图 4-7　穴盘播种

图 4-8　播种后盖营养土

出苗后及时去掉覆盖物（图 4–9）。穴盘育苗要求每穴最后只有 1 株苗，由于播种时会出现每穴播 2 ～ 3 粒或多粒，因此在出苗后，用小竹片挑出多余的小苗，移到没有出芽的穴内，移过后要浇水，这样既保证全苗，又减少种子用量。

若采用苗床育苗，则具体方法参照结球甘蓝。

育苗苗龄切勿过长，以免造成小老苗，导致定植后株形矮小，生长势弱，早期现球而减产。极早熟品种以 30 ～ 35 天，具 5 片真叶定植最好；早熟品种以 35 ～ 40 天，具 5 ～ 6 片真叶定植最好；中晚熟品种以 40 ～ 45 天，具 6 ～ 7 片真叶定植最好（图 4-10）。

图 4-9　出苗后

图 4-10　青花菜壮苗

（2）定植　尽量选择土质较肥、排水较好且与十字花科蔬菜非连作的田地。前茬作物收获后，尽早耕翻晒土。定植前，每亩施腐熟有机肥 3 000 ～ 4 000 千克，复合肥 50 千克，然后翻耕入土，将地面耙平耙细，做成高畦。选择阴天或晴天傍晚时定植。起苗前，苗床提前 1 ～ 2 天浇透水，起苗时可以尽可能多地带土护根。育苗盘育苗的，可以直接带土定植。要选择生长健壮、无病虫害、根系发达的苗定植。定植密度根据品种有差异，一般早熟品种株体小，可密植，亩栽 3 000 株左右；中晚熟品种亩栽 2 500 株左右。

（3）田间管理

① 浇水、松土。在青花菜的生长过程中前期应该以促为主，经常浇水，保持田间湿润，特别是结球期切不可干旱，要供水均匀充足。为防土壤板结，活棵后需中耕松土，增加根部的透气性，促进根系的发育，减少水肥流失。多风地区，还要注意培土防倒伏。植株封行后叶片覆盖地面，中耕可停止。由于青花菜又是深根性作物，怕涝，特别是在排水差的黏性土壤栽培，积水对植株的生长影响很大，不易发根，生长势弱，植株下部叶片脱落，且病害严重，因此雨季要注意排水（图 4–11）。

图 4–11　大田排水

② 追肥。在现球前植株形成足够的营养生长，是夺取丰产的关键，否则就会减产并造成花球质量低劣。早熟品种，由于生育期较短，追肥可以少施，宜以基肥为主。中晚熟品种的生长期较长，采收期也长，故需消耗大量养分，因此除施足基肥外，还

要分次追肥。一般每亩总需肥量为氮 25 ～ 35 千克、磷 15 ～ 20 千克、钾 20 ～ 25 千克。其中，磷肥和大多数氮肥、钾肥作基肥施入，另外的氮肥、钾肥在定植后分 2 ～ 4 次追施。第一次在定植后 15 ～ 20 天，结合培土，追发棵肥。第二次在 10 ～ 12 叶时追开盘肥。顶花球出现后追施花球肥。在生长期，顶花球采收后，可根据侧花球的生长情况，再追施 1 次肥料，以促进侧枝小花球的发育。每次每亩施尿素 7 ～ 10 千克、硫酸钾 5 ～ 10 千克；或用复合肥。另外，青花菜对硼、镁、钼等微量元素需求敏感，缺硼时易产生嫩茎中空，硼过量时又易导致嫩茎变褐色；缺钼和缺镁时，植株叶脉透明，外叶失去光泽，并易老化，所以在青花菜的生长过程中要注意供给适量的微量元素。如在现蕾后可用 0.2% 硼砂加 0.2% 磷酸二氢钾进行根外追肥 2 ～ 3 次。

（4）病虫害防治　青花菜主要病害有霜霉病、黑腐病、黑斑病、软腐病及苗期病害猝倒病、立枯病。猝倒病可用种子重量 0.2% 的 40% 拌种双粉剂拌种或土壤处理。药剂处理的土壤主要铺苗床上，播种后再盖一层药土。发病初期用 25% 瑞毒霉可湿性粉剂 800 倍液，或 60% 灭克 500 ～ 600 倍喷雾。立枯病可用种子重量 0.3% 的 45% 噻菌灵悬浮剂黏附在种子表面，再拌少量细土后播种。发病初期用 10%“世高”1 500 倍液，或 30% 苯噻硫氰乳油 1 000 倍液，或 45% 噻菌灵悬浮剂 1 000 倍液喷浇茎基部，间隔 7 ～ 10 天喷 1 次。

虫害主要有菜青虫、小菜蛾和蚜虫。

① 霜霉病。真菌性病害，主要危害叶片，也危害花球、种荚（图 4-12、图 4-13）。苗期在 1 片真叶时开始茎叶发病，定

植后从下部叶片开始发病，出现边缘不明显的黄色病斑，逐渐扩大，因受叶脉限制，病叶背面形成多角形黑色病斑，天气潮湿时出现白色霜霉，叶正面出现轮廓不明显的淡绿色病斑。

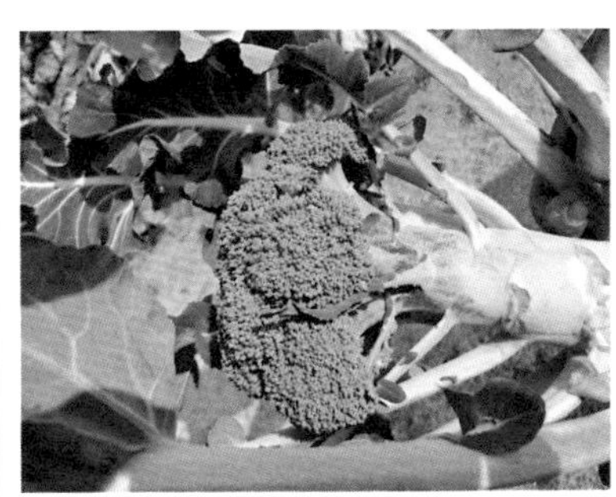

图 4-12　青花菜霜霉病病叶　　图 4-13　青花菜霜霉病病球

综合防治：选用抗病品种。苗期控制好温度、湿度。及时间苗，培育壮苗，提高抗病能力。菜田深翻晒土，多施腐熟有机肥。发现病害时喷药防治，可用 25% 甲霜灵 500 ～ 1 000 倍液，或 72% 克露可湿性粉剂 800 倍液，或 72% 霜脲锰锌（克抗灵）800 倍液，或 64% 杀毒矾可湿性粉剂 500 倍液，或 70% 乙锰可湿性粉剂 500 倍液，每隔 7 ～ 10 天喷 1 次，连续防治 2 ～ 3 次。

② 黑腐病。细菌性病害，主要是引起植株维管束坏死变黑。发病多从叶缘和虫伤处开始，在叶缘部形成“V”形不正的黄褐色病斑（图 4-14）。

图 4-14　青花菜黑腐病病株

病斑处的叶脉呈褐色或暗紫色网目状，引起叶片黄化和坏死。病菌能沿叶脉、叶柄发展，蔓延到茎和根部，致使茎和根部维管束变黑，以后内部干腐，形成空洞。同时也可侵害花球，形成黑色病斑。

综合防治：选用抗病品种。从无病株或无病田块采种。播种前进行种子消毒。方法是用45%代森铵水剂300倍液浸种15～20分钟，冲洗后晾干播种。或用50%琥胶肥酸铜可湿性粉剂按种子重量的0.4%拌种。尽可能不连作，与十字花科蔬菜实行3年以上轮作。发病初期可用新植霉素、农用链霉素5 000倍液，或47%加瑞农可湿性粉剂800倍液，或77%可杀得可湿性粉剂500倍液，或30%络氨铜水剂350倍液，或用80%必备500倍液喷雾，10～15天防治1次，视病情防治1～3次。

③ 黑斑病。真菌性病害，主要危害叶片、花球和种荚。叶片染病时，形成近黑色圆形，具同心轮纹状病斑，直径1～10毫米，轮纹不明显，但病斑上有黑色霉状物，潮湿环境下更明显（图4-15）。叶片上病斑多时，常融合成大病斑，使叶片变黄早枯。花梗上病斑呈纵条形，上生黑色霉状物。

图4-15　青花菜黑斑病病叶

综合防治：不与十字花科蔬菜连作。增施有机肥，注意氮、磷、钾配合施用。加强田间管理，及时摘除病叶、病株，减少菌源。收获后及时清洁田园。发病初期可用50%异菌脲可湿性粉剂1 000～1 500倍液，或43%好力克胶悬剂5 000倍液，或75%达科宁可湿性粉剂600倍液，或50%扑海因可湿性粉剂1 000～1 500倍液，或80%大生M-45可湿性粉剂450～600倍液，每10天左右喷药1次，共2～3次。

④ 软腐病。细菌性病害。一般在生长中后期开始出现病株，特别是花球形成期间，常见到有些植株老叶发黄萎垂，细看茎部出现湿润溃烂（图4-16）。叶片在中午烈日下表现萎垂，但早晚可恢复。反复数天后萎垂的叶片不再能恢复。当发病严重时，近地面的根茎部完全腐烂，充满灰黄色的黏稠物，并有恶臭味。干燥时，腐烂的叶片失水干枯，状如薄纸。根或者植株下部叶片的伤口是病菌侵入的主要途径。在经历台风或大雨之后，易造成伤口，加上雨水又不利于伤口愈合，更利于病菌侵染。

图4-16　青花菜软腐病病球

综合防治：选用抗病品种。可用“丰灵”50～100克拌青花菜籽150克，或种子重量1.5%的“农抗751”等拌种。不能与十字花科蔬菜连作，选择地势高燥、排水良好的田块，定植田多施腐熟有机肥，改善土壤条件，做成高畦。发现病株，及早拔除，并用石灰进行消毒。苗期喷洒“丰灵”每亩100～150

克，加水 50 升。发病初期，可用 14% 络氨铜水剂 350 倍液，或 72% 农用硫酸链霉素可溶性粉剂 3 000 ～ 4 000 倍液，或新植霉素 4 000 倍液、30% 绿得保悬浮剂 400 倍液，隔 7 ～ 10 天防治 1 次，连续防治 2 ～ 3 次，采收前 3 天停止用药。

⑤ 虫害。虫害防治可参见甘蓝虫害防治。

（5）采收 往往同一品种在同一栽培条件下，成熟期也不一致，因此要根据采收标准，进行分批采收。特别是在高温时期，花球生长发育快，花球极易松散、黄化，影响品质。其采收标准：花球充分长大，表面圆整，花球边缘尚未散开，花球紧密，色泽浓绿。高温时采收，要在早上九点以前完成。采收方法是将花球连同基部 15 厘米长嫩茎一齐割下，保留花球周围 4 ～ 5 片叶，随即装筐上市或运往收购单位。花球在筐内自然放满，不能挤压（图 4–17）。

图 4–17　收获花球

2. 春季栽培技术

（1）品种选择 春季栽培的气候特点为苗期温度低，生长后期温度升高快。因此，不能选择早熟品种，否则会造成先期抽薹现象。但也不能选择迟熟品种，因为迟熟品种生育期长，结球期将会遇上较高的气温，从而不能结球或形成松散的或品质差的花球。青花菜春季栽培应选择适应性强、耐寒、较耐热、株型紧凑、花球紧实的中温型中熟或中早熟品种，如春绿、久绿、绿岭、瑞绿等。

（2）播种育苗　播种期一般为12月中旬至翌年1月中旬，最适宜的播种期为12月上中旬，在大棚等保护地内育苗（图4-18、图4-19）。为避免过低的温度造成冻害和先期抽薹，必要时需采用多层覆盖保温或温床育苗。最好用营养钵或穴盘育苗，定植时可缩短缓苗期。冬春季温度低，育苗的关键是保温防寒，通过揭盖草帘和农膜来进行温度调控。播种到齐苗期间设施内白天温度控制在23 ℃左右，夜间温度控制在15 ℃左右。以后适当降低，白天温度控制在15 ～ 20 ℃，夜间温度控制在10 ℃左右。为避免淋水引起土温急剧下降，苗期应注意控制浇水次数和浇水量，防止因棚内湿度过大而引起猝倒病等多种病害的发生。

图4-18　大棚加小拱棚保温育苗

图4-19　连栋大棚加小拱棚保温育苗

（3）定植　选择土层深厚、肥沃、排水良好的沙壤土栽培。土壤翻耕后施足基肥，混匀耕细后，做深沟高畦，整地后畦面上喷除草剂禾耐斯或丁草胺防草害。有条件的要采用地膜覆盖栽培（图4-20），可提高土壤温度，减轻杂草危害，明显增强植株长

图 4-20　青花菜盖地膜栽培

势，增产效果明显。盖地膜要拉平压紧，使膜与畦面密接。

定植前 7 ～ 10 天进行炼苗，可在晴天中午通风降温，使幼苗逐渐适应室外的低温环境，以提高移栽成活率。每天进行的炼苗时间应逐渐延长。选晴天气温较高时定植。长江中下游地区一般在 3 月上中旬，当日平均气温已回升到 6 ℃以上时定植。一般株距 35 ～ 40 厘米，依品种不同每亩栽 2 500 ～ 3 000 株。定植后及时浇定根水，促活棵。盖地膜的在浇水后，用畦沟中细土逐株覆盖栽植洞口，以防杂草滋生和热气外泄。活棵后因气温低，蒸发量较小，一般不浇水，如土壤过干，可在中午温度较高时浇稀粪。

（4）田间管理　春季栽培生长前期处于低温季节，生长量小，而青花菜的植株大小与花球产量关系密切，且生长后期温度升高快，对青花菜的花芽花蕾分化和花球形成不利。因此一定要施足基肥，促进早缓苗。缓苗后稍控肥水，提高抗逆性。对田间积水应及早开沟排水防冻，遇突发性大霜或冰冻天气应采取遮阳网浮面覆盖的补救方法。3 月下旬天气转暖后，要及时追肥，以促为主，一促到底。特别是花球膨大期要重视肥水，结合中耕除草，一般每亩施尿素 10 千克加硫酸钾 5 ～ 10 千克，促进花球膨大。为防治花茎空心，结球期用 0.1% 硼砂、硫酸镁、钼酸铵等混合液进行叶面喷肥，共喷施 2 ～ 3 次。

青花菜生长前期气温低，一般不需要灌水，以避免浇水引起土温急剧下降。如需浇水要在中午进行，浇水量也不宜过多，做到小水勤浇。随着气温回升，植株生长量加大，要保持土壤一定的湿度，特别是结球期切勿干旱，以免抑制花球的形成，导致产量下降。

（5）采收　春季栽培一般到 5 月开始采收，此时气温较高，采后花球易失水软萎，失去新鲜度。因此必须早、晚采收。当花球紧密、坚实，达到标准重量时及时采收，采后防止太阳直射。下雨天不采收，一般每天采收 1 次。

3. 保护地栽培技术

（1）品种选择　宜选用耐寒、抗病的中早熟品种，如久绿、绿岭、优秀等。

（2）育苗　长江流域保护栽培，主要是早春利用大棚等保温设施栽培（图 4–21 至图 4–23）。一般在 12 月上中旬育苗，翌年 2 月中下旬定植，4 月中下旬采收。苗期主要是做好保温防寒，培育出壮苗。育苗方法可参照春季露地栽培育苗方法。

图 4-21　连栋大棚栽培

图 4-22　简易大棚栽培

图 4-23　大棚加小拱棚栽培

（3）定植　在定植前 15 天左右，扣棚烤地增温，施足基肥后做畦。最好铺地膜栽培，铺地膜前，畦面上喷药防杂草，再铺好地膜，四周要用土压严、压实，按定植株行距在地膜上事先开好定植孔。定植密度比春露地栽培略稀，一般每亩栽 2 200 ～ 2 500 株。

（4）田间管理

① 温度管理。春保护地栽培时的外界气温变化是由低温向高温过渡，而青花菜生长发育的温度要求则刚好相反。因此温度管理是春保护地栽培的关键。为促

进幼苗生根，尽快缓苗，定植后要密闭大棚，白天棚内温度控制在25 ℃左右，夜间温度控制在13 ～ 15 ℃。活棵后适当降低温度，白天温度控制在20 ～ 22 ℃，夜间温度控制在10 ～ 12 ℃。花球形成期要求凉爽气候，白天温度以16 ～ 18 ℃为宜，夜间温度以10 ℃左右为宜。这期间温度主要通过覆盖物的增减和通风来完成。前期外界气温低，要加强保温。随着外界气温的上升，逐步加大通风量和通风时间。

② 肥水管理。由于早春气温低，定植后几乎很少需要通风。加上幼苗期植株生长量小，因此浇水量不宜过大。浇过定植水后，一般不再浇水。进入莲座期后，植株生长量加大，外界气温逐渐上升，叶面蒸发量也增大，要增加浇水次数。一直到结球期要保持土壤半干半湿。如果土壤湿度过大，要控制浇水，并利用通风调节棚内湿度。在满足温度条件的前提下，尽可能加大通风量。

青花菜需肥量较大，除施足基肥外，还要在生长期间追肥2 ～ 3次。第一次在定植后15天左右进行，追粪尿或尿素10千克加硫酸钾10千克。第二次在定植后30天左右进行，追尿素15千克左右。第三次在花球形成时进行，追尿素10 ～ 15千克。另外在花球形成期，用0.1%硼砂、硫酸镁、钼酸铵等混合液进行叶面喷肥。

（5）采收　春季保护地栽培的青花菜，采收前期温度低时，可根据市场行情及商品需求，分期分批及时采收。对于主侧花球兼用种来说，主花球采收后，选留2 ～ 4个较粗壮的侧枝，继续加强肥水管理，经20天左右又可采收侧花球。

（七）畸形花球的形成与预防措施

品质好的花球是指花球结球较紧实，不松散，花球颜色鲜绿，无异色；小花蕾大小均匀，细致整齐；整个花球呈半球型，较饱满；花球无异斑、无腐烂；花球大小适中，符合出口需要（图 4–24）。影响花球品质好坏的因素很多，一般有品种、栽培管理技术和外界环境条件等几方面。下面介绍几种畸形花球发生原因与防治措施。

图 4–24　质量合格的花球

1. 花球带小叶

花球带小叶是指花球在发育过程中，小花枝基部的小叶从花球中间长出，收获的花球品质大大下降（图 4–25）。

图 4–25　花球带小叶

引起的原因主要是当植株遇到外界一定的低温时，花芽通过分化，而花球发育过程中，又遇到突然的高温时，花球形成过程中的生殖生长受抑制，又引起营养生长，小花枝基部的小叶加速生长，伸出花球。另外，引起小叶发生的原因与品种、育苗时的温度、定植苗的大小以及定植密度等也有关系，一般育苗时温度越高，定植时苗越大，定植密度越高，带小叶花球发生的概率越高。

防治措施：首先要选用耐热、抗逆性强的品种。花球发育过程中，保持田间土壤的湿润。加强苗期的管理，防止老化苗的发生，选用适龄的幼苗栽培，定植密度不宜过密。

2. 早期现蕾（小花球）

当植株营养生长不充分，株体尚小时，感受低温而提前开始形成花球，收获的花球不仅小而且品质差，失去商品价值（图 4–26）。

图 4–26　早期现蕾

植株营养体的大小直接决定青花菜花球的大小。出现早期现蕾的主要原因：定植的苗不健壮，老化苗、大苗定植后遇低温，易形成小花球；定植时栽培管理不当，缓苗慢；土壤肥力差，定植活棵以后供肥不足，或者土壤水分不足或过大产生渍害，不利于发根；种植密度比较高等，导致植株营养体得不到充分生长，当遇到外界的低温条件时，诱导花芽分化与花球的形成。

防治措施：加强苗期管理，培育壮苗，防止幼苗徒长或老化；定植时选阴天，多带土少伤根，促进早活棵；选用土壤肥力好，排灌便利的田种植；定植后加强肥水管理，促进植株营养生长。

3. 球茎有空洞

主要在花球成熟期形成。最初在茎组织内形成几个小的椭圆形的缺口，随着植株的成熟，小缺口逐渐扩大，连接成一个大缺口，使茎形成一个空洞，严重时空洞会扩展到花茎上。空洞表面木质化，变成褐色，但不腐烂，从变色组织中检测不到病原物。将花球和茎纵切或在花球顶部往下 15 ～ 17 厘米处的茎横切均可观察到空茎的存在。球茎空洞会严重影响花球的品质和商品价值（图 4–27）。

图 4–27　球茎空洞

空茎的发生与过量的氮肥、缺水、缺硼、高温等多种因素引起的生理失调有关。氮肥施用过量，特别是在花球生长期，使植株生长过快，空茎发生率高。青花菜是一种喜凉作物，适合的生长温度为 15 ～ 22 ℃，如种植季节安排不当，在花球生长期遇高温（25 ℃以上），使花球生长过快，易造成空茎。青花菜空茎与缺硼有较大关系，在缺硼的条件下，可诱导茎内组织细胞壁结构改变，使茎内组织退化，并伴随木质化过程，引起空茎形成。另外，品种间也存在差异，有的品种易空茎，而空茎是可遗传的，空茎对不空茎为部分显性。

防治措施：选用不易空茎的品种。安排适合的种植时期，尽可能要避免花球生长期遇上高温。根据所选品种的生育期，要求适时播种，培育壮苗，适时定植。加强肥水管理，种植青花菜宜选排灌良好的地块，管理上始终保持土壤见干见湿。应避免在花球生长期施过量的氮肥。在施足腐熟堆肥作底肥的情况下，在花球生长期施肥应少施或不施氮肥，增加磷、钾肥的施用量。对缺硼的土壤，基肥中加施硼肥，现蕾开始后，每隔 1 周喷施 1 次 16% 的 1 000 倍液体硼肥，连续喷 2 ～ 3 次。

4. 花球有大小蕾（满天星）

组成同一个花球的小花蕾，在不同部位表现大小不一致，高低也不平，影响花球品质（图 4–28）。

图 4–28　满天星

这主要是由于花芽分化时期遇到高温，花芽分化不完全，或者花芽分化后，花球在发育过程中，气温出现明显波动，使花蕾发育不一致。

防治措施：选用对温度不太敏感的品种；培育壮苗，加强肥水管理，促进植株生长旺盛，增强抗逆性。

5. 花球松散、焦蕾、黄化

花球在适收期之前，花球开始松散，另外部分小花蕾出现枯死或黄化的现象（图 4–29、图 4–30）。

形成的主要原因是花球发育时期，外界温度较高，影响了花

图 4-29　花球松散

图 4-30　花球黄化

球的正常膨大，而小花枝节生长较快，导致花球松散；另外，在花球充分长大后没有及时采收，也会导致花球松散，并且引起部分花蕾枯死成焦蕾或黄化，这一现象在温度较高的收获季节更容易发生。

防治措施：选用耐热性较强的品种，确定好播种时间，使花球成熟时间避开 25 ℃以上的高温；花球成熟后及时采收，高温季节收获花球要安排在早晨或傍晚进行，收获后的花球及时放在阴凉处或放在冷库中贮藏。

6. 花球颜色发紫色、红色

花球表面正常的绿色变成紫色或红色，不仅外观品质下降，而且质地变硬，口感品质也不好（图 4-31、图 4-32）。

图 4-31　花球发红

图 4-32　花球发紫

发生原因主要是花球形成过程中，遇到突然的寒流降温，花球产生花青素，引起颜色变化。这种情况主要在秋冬季收获的花球上发生。

防治措施：选用耐寒性强的品种；花球形成期喷施翠康钙宝 500 ～ 1 000 倍液可增强抗寒能力；冷空气来前 1 ～ 2 天，将菜地浇灌水；也可于晚上在植株上覆盖遮阳网，或折两三张外叶盖住花球，减轻花球冻害。

（八）贮藏与加工

1. 贮藏

青花菜采收后，极易衰老变质，这主要是因为采后花球呼吸作用旺盛。而且受温度和湿度影响很大。据测定，青花菜的呼吸强度在 25 ℃时比 0 ℃时增加 30 ～ 40 倍。如不进行保鲜处理，在室温条件下（20 ～ 25 ℃）经 1 ～ 2 天花球就会失绿转黄，并失水萎蔫，失去商品价值。因此大面积栽培时，最好建立 0 ～ 5 ℃低温冷库贮藏。采收时花茎留长一点，并带几片叶割下，保护花球。如贮藏时间较长，最好先预冷，特别是夏秋季采收，温度较高，要在上午清晨进行，可以降低花球温度。收获的花球尽快放入冷库预冷，没有条件的可用冷水或碎冰冷却。预冷后装筐，花球自然摆放，最上层低于筐沿。为延长保鲜期，可以先用聚乙烯薄膜单花球包装，必要时在袋上打两个小孔。然后贮藏在 0 ～ 1 ℃密闭冷库里，贮藏时保持库内相对含水量达 90% ～ 95%。贮藏期间应注意适时通风换气，或在顶层留出空间放置乙烯吸收剂。这样能贮藏一个多月时间。

2. 加工

（1）保鲜青花菜　收购来的青花菜，首先要放在 0 ～ 2 ℃的冷库内预冷，再进行分级修整，按出口要求，剔除不合标准花球，如畸形花球、不圆整球、球茎部空心及过大或过小花球等（图 4–33）。用不锈钢刀具将茎部切平，按出口标准去叶。将花球分级：S 级的花球直径为 10 ～ 11 厘米，花茎长 13 厘米；M 级的花球直径为 11 ～ 12 厘米，花茎长 14 厘米；L 级的花球直径为 13 ～ 15 厘米，花茎长 16 厘米。

图 4–33　保鲜加工现场

分级加工后的青花菜装入 50 厘米 ×50 厘米 ×29 厘米的钙塑箱中。分 3 层摆放，S 级每层放 12 个，每箱装 36 个。M 级每层放 10 个，每箱装 30 个。L 级每层放 8 个，每箱装 24 个。每层放 2 排，横放，不同层花球按相反方向摆放（图 4–34）。装好后在包装箱内加入 3 ～ 4 千克碎冰块，再封箱（图 4–35），放入低温库

图 4–34　保鲜青花菜装箱

图 4–35　装好后箱上面放冰块

中进行贮藏。按不同级别分开码放。库温控制在 0 ℃左右。

（2）速冻青花菜　速冻产品加工程序：原料→选择→清洗→切分→浸泡→漂烫→冷却→脱水→速冻→包装→冷藏。

提前进行药残检测，确保无农药残留，符合出口要求的青花菜才能收购。原料进厂后，要尽快对花球进行选择，剔除畸形、带伤、有病虫害、色泽不新鲜等不符合标准的花球。清洗就是将花球上的泥土、脏物等洗掉，可以直接放在干净水池中清洗（图 4–36），也可以用有适当压力的水枪冲洗。清洗后对花球进行切分，一般切分成直径 3 ～ 5 厘米的菜块（图 4–37）。具体大小要按照客户要求进行。然后用 20 毫克 / 千克的盐水浸泡杀菌。漂烫的作用主要是防止蔬菜细胞内氧化酶活性增强而会出现褐变。青花菜漂烫温度为 97 ～ 100 ℃。漂烫时间为 3 ～ 5 分钟（图 4–38）。漂烫后放入冷却槽内进行冷却（图 4–39），冷却槽内的水要符合卫生要求，水温在 0 ～ 5 ℃。冷却后脱水。然后放入冷冻机中迅速冷冻。最后进行计量包装，包装封口要牢固。一般每 500 克装一塑料袋，再装纸箱（图 4–40）。完成上述工序后，迅速将产品送入 – 18 ℃冷库内贮藏。

图 4–36　水池中清洗

图 4–37　速冻加工——切块

图 4-38　速冻加工——漂烫

图 4-39　速冻加工——冷却

图 4-40　速冻加工成品

五、花椰菜

花椰菜又称花菜、菜花。为十字花科芸薹属一二年生蔬菜，是甘蓝类的一个主要变种，以肥嫩的花球为食。花椰菜原产于地中海沿岸地区，19 世纪中叶传入我国，在广东、广西、福建、台湾等地栽培最早。目前我国各地都有栽培。

花椰菜营养丰富，除含有钙、磷、钾等矿物质营养外，还含有蛋白质、碳水化合物，特别是维生素 C 的含量远远超过结球甘蓝。据分析测定，每 100 克食用部分含蛋白质 2.4 克、脂肪 0.4 克、碳水化合物 3.0 克、钙 18 毫克、磷 55 毫克、铁 0.7 毫克、维生素 C 88 毫克、维生素 B_1 0.1 毫克、维生素 B_2 0.2 毫克。

花椰菜不仅营养价值高，而且食用风味好，可炒食、凉拌或做汤等。同时花椰菜含有多种营养元素，对人体健康十分有利，可益肾，利五脏六腑。所含的芳香异硫氰酸等是癌细胞的天然抑制物。

（一）形态特征

花椰菜主根基部粗大，根系发达，须根多，但入土不深，主要根群分布在 30 ～ 35 厘米耕作层内。根系再生能力强。

茎较粗壮短缩，其上着生叶片，随着叶片增加逐渐长高，高度在十几至二十几厘米。早熟品种一般茎短，着生叶数也少。

晚熟品种一般茎较长，植株高，着生叶数也多。中熟品种介于中间。茎上腋芽不萌发，茎顶部着生肥大花球。

叶可分为外叶和内叶两种。外叶为披针形或长卵圆形，叶柄较长，具有裂片。外叶较开张，叶色浅蓝绿、绿色、灰绿色，表面有蜡粉，光滑无茸毛。内叶无叶柄，蜡粉少，包被花球，由外向内呈渐小趋势。一般早熟种 13 ～ 18 片，中熟种 20 ～ 25 片，晚熟种 25 片以上。

花椰菜的花球是营养贮藏器官，由肥嫩的主轴和许多肉质花梗及绒球状的花枝顶端组成。每个肉质花梗由若干个 5 级花枝组成小花球。花球球面呈左旋辐射轮纹排列，轮数为 5。正常花球呈半球形，花球球面呈颗粒状，质地致密。

组成花球的花枝顶端继续分化形成花芽。继续生长，花梗伸长，直至抽薹开花。从顶芽抽出的花序为主花序，先开花，腋芽抽出的花序从上向下顺次开花。花冠黄色，雌雄同花，复总状花序，4 强雄蕊，子房上位。

果实为长角果，果长 8 ～ 10 厘米，每果内含种子 10 ～ 20 粒。种子比甘蓝小，近圆形，黄褐色至棕褐色，千粒重 3 克左右。

（二）生长发育过程

花椰菜为一二年生植物，生育周期包括营养生长和生殖生长两个阶段。

1. 营养生长期

（1）发芽期　从种子萌动至子叶展开、真叶显露。在发芽适温（20 ～ 25 ℃）条件下，需 7 ～ 10 天完成。

（2）幼苗期　第一片真叶显露到具有 5 ～ 7 片真叶时，需 25 ～ 35 天。

（3）莲座期　自第七片真叶展开到主茎顶端开始发育成小球。所需时间因品种差异较大，一般需 20 ～ 100 天。

2. 生殖生长期

（1）花球生长期　自花球开始发育（花芽分化）至花球生长充实适于商品采收时止，一般需 20 ～ 50 天。早熟品种发育快，如天气温暖，花球生长期短；中晚熟品种发育慢，如天气较凉，花球生长期则长。

（2）抽薹期　从花球边缘开始松散、花茎伸长，需 20 ～ 30 天。

（3）开花期　从初花至全株花谢，需 25 ～ 30 天。

（4）结荚期　从花谢到角果成熟，需 20 ～ 40 天。

（三）生长发育对环境条件的要求

1. 温度

花椰菜为半耐寒性蔬菜，性喜温和、冷凉气候。种子发芽的最低温度为 2 ～ 3 ℃，但非常缓慢，最适温度为 20 ～ 25 ℃。幼苗生长适宜温度为 15 ～ 25 ℃。幼苗的耐寒和耐热能力都比较强，但超过 25 ℃，幼苗容易徒长。莲座叶生长适宜温度为 18 ～ 20 ℃。花球形成要求适宜温度为 15 ～ 18 ℃。气温较低、昼夜温差大，更有利于营养积累。当气温低至 8 ℃以下，花球发育缓慢。当遇 0 ℃以下低温，除晚熟品种外，花球容易受冻害。温度超过 30 ℃，很难形成花球。不同熟性品种对温度反应不一样，极早熟品种花球生长适温为20～25 ℃，早熟品种为17～20 ℃，但在25 ℃时仍能形成良好的叶球。中晚熟品种在15 ℃以下，中晚熟品种在温度高于20 ℃时，花球松散且容易发生包片，形成“毛花”，品质下降。抽薹开花的适宜温度为15～20 ℃。结荚适宜温度为20～25 ℃，温度高于25 ℃或低于13 ℃则结荚不良。

2. 光照

花椰菜属长日照喜光作物，也能耐稍阴的环境。日照长短对花芽分化的影响不大，但长日照能促进花芽分化。花球形成期，适宜日照短和光强较弱。抽薹开花期日照充足，对开花、昆虫传粉、花芽发育、种子发育都有利。因此，抽薹开花期日照充足，可提高种子发芽率。

3. 水分

花椰菜在整个生长过程中需要充足的水分，要求土壤相对含水量为70%～85%。幼苗期、莲座期能忍耐一定的干旱，但如果过于干旱缺水，则植株生长不良，叶片缩小，叶柄伸长，提早形成品质差的小花球；水分过多易引起渍害，造成花球松散、花枝霉烂。

4. 土壤

花椰菜对土壤营养要求较严格，适宜在土质疏松、耕作层深厚、富含有机质、保水和排水良好的肥沃壤土上种植。在生长前期，需要充足的氮素营养。在花芽分化和花球发育过程中，除充分的氮素营养外，还需提供大量的磷、钾营养。同时对硼、钼等微量元素敏感，缺硼，常引起茎基部开裂，内部空洞，花球变成锈褐色，带苦味；缺钼，新生叶片呈鞭形，或叶片缺绿，常引起植株矮化，花球膨大不良。

图 5-1　白色花球

（四）类型与品种

1. 栽培类型

花椰菜按生态特点可分为春季生态型、秋季生态型和春秋季生态型。

按花球颜色可以分为白色、紫红色、黄绿色 3 种（图 5-1 至图 5-3）。

图 5-2　紫红色花球

图 5-3　黄色花球

按生长期长短可以分为极早熟种（从定植至始收 40 ~ 50 天）、早熟种（定植至始收 60 余天）、中熟种（定植至始收 80 ~ 90 天）和晚熟种（定植至始收 100 天以上）。

按花球紧实度可以分为紧花型（图 5-4）和松花型（图 5-5）。其中，松花型有青梗和白梗之分。

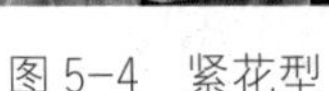

图 5-4　紧花型　　　　图 5-5　松花型

2. 主要品种

（1）瑞雪 50　日本引进极早熟品种，耐热、耐湿性强。株高 48 厘米，开展度 55 厘米。花球圆整，结球紧实，在高温下花球不出毛花，品质好，单球重 400 克左右。长江流域 6 月中下旬播种，定植后 55 天左右收获。

（2）白富士白雪　该品种早熟，生长势强健，是一个适合春秋播种的优良品种，既抗寒又耐热，移栽后 50 ~ 60 天即可收获。花球洁白、整齐，单球平均重 1 500 克，是南方秋季、北方早夏抢早应市品种。也可 2—3 月大棚育苗，5—6 月收获。

（3）M3　日本引进早熟品种，定植后 70 天左右收获。抗病性强，适应性广。株高 55 ~ 60 厘米，开展度 60 厘米。外叶宽披针形，蜡粉中等。花球半圆形，结球紧密，球色洁白，表面平整，单球重 1 千克左右。

（4）菊月 40　日本引进中熟品种，株高 62 厘米，开展度 67 厘米。抗逆性强。外叶宽披针形，蜡粉中等，外叶数 20 片。花球半球形，洁白肥嫩，适合速冻加工。

（5）荷兰雪球　中熟品种，株高 53 厘米，开展度 68 厘米。

外叶披针形，深绿色。耐热性强，较耐旱，抗病中等。花球半球形，结球紧实，洁白，品质好，单球重达1千克。

（6）春将　台湾引进杂交品种，植株生长势强，抗病、耐寒、耐湿。秋播定植后85～100天采收，单球重2.0千克，春播定植后75～80天采收，单球重1.2千克，花球紧密、雪白，呈高圆形，心叶合抱。适合春秋两季栽培。

（7）雪山　日本引进品种，植株长势强，株高70厘米，开展度88～90厘米。叶长披针形，最大叶长63厘米，宽25厘米，平均叶数23～25片，叶片肥厚，深灰绿色，蜡粉中等。花球高圆形，雪白，紧密，品质好，单球重2千克左右。中晚熟，耐热，抗病性强。对温度反应不敏感，南方可做秋季早熟品种栽培，北方春秋均可栽培。

（8）寒月　日本引进晚熟品种，定植至收获120天左右。株高65厘米，开展度75厘米。耐寒性强，心叶合抱花球生长。花球高圆形，洁白、致密，单球重1.2千克左右。长江中下游地区8月上中旬播种，翌年1—2月收获。

（9）庆农50松花菜　台湾引进早熟品种，植株生长强健，抗病力强，适应性广，耐风雨，容易栽培管理。花球雪白，青梗松花，花型美观，定植后约50天采收，单球重1 500克，产量高，商品性高，品质超群，是优秀的早生青梗松花型品种。

（10）庆农70松花菜　台湾引进中熟品种，耐热耐寒，耐湿耐旱，植株强健，生长快速。花球雪白美观，成熟整齐，单球重约2 200克，秋播定植后约70天采收，春播定植后约55天采收。

（11）庆农90松花菜　台湾引进中晚熟品种，生长势强，适应性强，在不良的环境下能正常生长。耐寒，抗病，花球洁白，单球重约 2 500 克，品质特优，食味好，产量高，定植后约 90 天采收，春播定植后约 65 天采收。

（五）茬口安排与播种期

花椰菜对环境条件要求严格，品种之间对温度的敏感性差异又很大，因此要根据当地气候条件，选择适宜品种和栽培形式。一般要求花椰菜的莲座期安排在温暖季节，花球形成期安排在凉爽季节。南方适宜生长的时期较长，一年内可多茬栽培。北方地区主要是春秋两季栽培，也可利用大棚、中棚等进行秋延后或春提早栽培，利用改良阳畦、日光温室可进行秋冬和冬春栽培。长江中下游地区一般有春、夏、秋冬季栽培，春季栽培于 12 月下旬至翌年 1 月保护地育苗，3 月上中旬前后定植于地膜地；夏季栽培于 6—7 月播种，25 天左右苗龄定植，选用极早熟或早熟品种；秋冬季栽培于 7 月中旬至 9 月上旬播种，11 月至翌年 3 月收获；也可利用大棚、中棚进行春提早栽培，于 11 月中旬至 12 月上旬保护地育苗，翌年 1 月下旬至 2 月中旬定植。

（六）栽培技术

1. 秋冬季栽培技术

（1）播种育苗　秋冬花椰菜栽培一般选用早中晚熟品种进行配套栽培，可保证从 10 月至翌年 3 月陆续收获上市。可做苗床育苗或穴盘育苗。因花椰菜种子较小，苗床的畦面要整平整细。苗期也要搭设阴棚和防雨棚防烈日及暴雨。具体方法参照青花菜。苗龄 30 ～ 40 天，当幼苗有 6 ～ 8 片真叶时即可定植。

（2）定植　选择肥沃、排灌便利、前茬作物最好为葱蒜类或水稻等田块。每亩施腐熟厩肥 4 000 千克左右，复合肥 30 ～ 50 千克，然后耕翻混匀，整碎耙平做高畦。定植时选大小一致的健壮苗（图 5-6、图 5-7），定植的株行距，一般早熟品种为（35 ～ 40）厘米 ×50 厘米，每亩栽苗 2 500 株；中晚熟品种为（45 ～ 50）厘米 ×60 厘米，每亩栽苗 2 000 株（图 5-8）。最好在阴天或下午带土定植，定植后随时浇水，以利幼苗成活。

图 5-6　花椰菜壮苗

图 5-7　花椰菜高脚苗

图 5-8　花椰菜定植

（3）田间管理

① 浇水。花椰菜喜湿润气候，整个生长期间要保持土壤湿润。由于植株生长前期气温高，蒸发量大，因此，缓苗后要根据土壤情况，适时浇水。在莲座期和花球生长期，需水量大，每 6 ～ 7 天浇水 1 次。若下雨过多，则要及时排水。对于越冬生长的

花椰菜，叶簇生长期气温较低，应根据天气情况，减少浇水量。

② 追肥。早熟品种因在高温下生长，生育期短，对水肥要求迫切，应以速效性肥料追施。中熟品种叶簇生长时气温还较高，要及时分批追施速效肥，花球形成时，气温也正适宜，要加大追肥量。晚熟品种，生长期长，除多施基肥外，一般整个生长期追肥 4 ～ 5 次。越冬栽培，定植活棵后，追 1 次粪尿。叶簇生长时气温低，要控制氮肥用量，适当追施磷、钾肥。花球膨大初期和中期各追肥 1 次，同时叶面可喷 0.2% 的硼酸液，防止茎轴空心。

③ 保护花球。束叶是保护花球的重要措施。在花球直径达 5 ～ 6 厘米时，将靠近花球的 2 ～ 3 片叶束住或将叶片折覆于花球表面，覆盖叶萎蔫发黄后，及时换叶覆盖。在冬春季，骤然降温或有霜冻时，也要束叶护球。注意束叶不能过紧，以免影响花球生长。

（4）病虫害防治　花椰菜的主要病虫害及其防治方法可参见青花菜。

（5）收获　应以花球充分长大、表面平整、边缘尚未散开时收获为宜。收获时每个花球外面带几片小叶，保护花球免受损伤和污染（图 5-9、图 5-10）。

图 5-9　花椰菜收获后短途运输

图 5-10　花椰菜收获后外运销售

2. 春季栽培技术

（1）播种育苗 花椰菜属幼苗春化型作物，不同品种通过春化阶段对低温的要求不一样，因此，春栽一定要选用春季生态型品种。为能在高温到来之前形成花球，必须适期播种。播种太早，管理费工，且幼苗易生长过大，定植后叶片还未完全形成就过早显球，影响品质和产量。播种过晚，影响早熟，而且显球时正处高温季节，影响品质。

花椰菜春播要利用保温设施进行。播种前 7 ～ 10 天扣棚增温。可以苗床或穴盘育苗。苗期温度和水分管理十分重要，播种至出苗，苗床温度保持在 20 ～ 25 ℃，以促进发芽出苗。出苗后苗床白天温度保持在 15 ～ 20 ℃，夜间温度不低于 8 ℃。定植前 10 ～ 15 天开始降温锻炼，开始降温不能过猛，以防止幼苗受冻。白天加大放风量，夜间覆盖物不盖严，随后逐渐撤去薄膜和覆盖物。如果苗床过于干旱或缺肥，床温长期偏低，会使幼苗生长受抑，形成“小老苗”，提前通过春化阶段而分化花芽。但由于气温低，苗床蒸发量小，浇水量也不宜过大，以防止倒苗和病害发生。

（2）定植 一般在当地日平均气温稳定在 6 ℃以上才适宜定植。栽植地应施足基肥，每亩施优质农家肥 5 000 千克，复合肥 30 ～ 50 千克，缺硼的地块加施少量硼肥，与土壤混匀耙细后做畦。最好加盖地膜定植，以提高地温。选晴天上午定植，起苗时尽量多带土，防止散坨断根，影响缓苗，导致先期现蕾。合理密植是争取丰产的关键之一，一般早熟品种每亩栽 3 500 株左右，中熟种栽 3 000 株左右，晚熟种栽 2 500 ～ 3 000 株。

（3）田间管理

① 浇水。浇过定植水 4 ～ 5 天后，依土壤干湿状况再浇缓苗水。缓苗水最好是稀粪，浇水量要小，以防水大降低地温。等地面稍干时，中耕蹲苗，深度 3 ～ 5 厘米，以达到保墒提高地温目的，增加土壤透气性，促进生根。结合中耕给植株培土，以防植株倒伏。蹲苗后 7 天左右再浇一次稀粪，进行第二次中耕。经两次蹲苗以后要依土壤情况适时浇水，结球期间更要保证水分供应。利用地膜栽培的，不要急于浇缓苗水，以借助地膜升温，促使发根。

② 追肥。在施足基肥的基础上，还要根据品种特性，适时、适量追肥。一般在蹲苗后结合浇水，每亩追尿素 10 千克，或浇稀粪。到莲座期施尿素 15 ～ 20 千克。在花球形成初期和中期再各追 1 次，每次每亩施尿素 15 ～ 20 千克。在花球膨大期间可喷 0.1% ～ 0.5% 的硼砂，3 ～ 5 天喷 1 次，共喷 3 次，或者喷 0.5% ～ 1.0% 的尿素，或者喷 0.5% ～ 1.0% 的磷酸二氢钾。

③ 折叶遮光。当花球直径在 5 ～ 6 厘米时，要盖花防晒。具体方法是可折倒花球外不同方向的 3 片叶盖住花球，或将植株上部外叶用绳束在一起，避免阳光直射，使花球保持洁白，提高花球品质。

（4）收获　春季气温回升较快，如气温较高时，花球生长快，易松散，颜色发黄，因此适时采收很重要。

3. 保护地栽培技术

（1）播种　花椰菜除了露地栽培外，还可利用大、中、小拱棚进行春提早和延后栽培，也可利用改良阳畦和日光温室进行秋冬季和冬春季栽培（图 5–11、图 5–12）。长江中下游地区一般利用大中棚进行提早栽培，于11月中旬至12月上旬保护地育苗。为促进早熟丰产，提倡用塑料钵或穴盘育苗，加强苗期管理，培育壮苗及进行低温炼苗都十分重要。苗期管理参见春露地栽培。

图 5-11　保护地栽培花椰菜

图 5-12　花椰菜大棚及地膜栽培

（2）扣棚整地　冬前建好棚架，定植前半月左右覆膜烤地，提高地温。为便于通风降温，大棚四周设 80 ～ 100 厘米高的围裙，既便于放风操作，又避免从地面掀膜放“扫地风”，否则易使幼苗受冻，同时也不易把棚内高温空气放出来。

花椰菜是喜肥耐肥的蔬菜，而根系主要分布在耕作层中，因此，要求土壤肥沃，而且保水保肥力良好。在秋耕晒垡的基础上，定植前每亩施农家肥 5 000 千克，磷肥 50 千克，翻土掺匀后做畦。做好畦后，按一定株行距穴施或条施肥料，每亩施农家肥 500 千克或复合肥 25 千克。再把土肥拌匀整平畦面，准备定植。最好加盖地膜，提高保温性能。

（3）定植　适时定植对夺取早熟丰产很重要。定植过晚，失去了保护地栽培的意义；定植过早，外界气温尚低，有时还会受霜冻危害。一般棚内表土温度稳定在 5 ℃以上即可定植，长江中下游地区一般在 1 月下旬至 2 月中旬定植。

图 5-13　花椰菜大棚定植

定植前苗床浇透水，以便起苗、运苗过程中，保持土坨不散。实践证明，散坨的苗比不散坨的定植后缓苗期要延长 1 周左右。定植选晴天下午进行，定根水切忌大水漫灌。定植后盖严薄膜，防寒保温，促进早缓苗（图 5-13）。

（4）田间管理　保护地栽培定植时，外界气温较低又不稳定，有时还受寒流影响。为了促进缓苗，定植后要闷棚 7 ～ 10 天。在幼苗开始生长时，开始放风。放风口由小到大，使棚内白天温度保持 15 ～ 20 ℃，最高不得超过 25 ℃，夜间温度保持 5 ～ 10 ℃。定植后及时放风控温和适时撤棚是保护地春花椰菜栽培管理的关键。

定植后棚内蒸发量不大，幼苗生长量又小，不必急于浇缓苗水。幼苗开始生长时可进行中耕，提高地温，促进根系发育，适当蹲苗后结合浇水每亩追施复合肥 20 千克，尿素 15 千克。当植株开始旋拧时，每亩再追施尿素 10 ～ 15 千克和适量的钾肥，以满足其继续生长和养分转运到花球上的需要。以后每隔 5 ～ 7 天浇 1 次水，直至收获。

（5）收获　在花球长到拳头大小时，要摘叶或捆叶遮盖花球，使花球不受阳光照射。洁白的花球充分长大还未松散时，是采收的最佳时期。

（七）异常花球的原因及防治措施

1. 毛花

（1）原因　主要由于采收过迟，或者遇到较高的温度而引起花芽进一步分化，花柄伸长，萼片吐露使花球表面呈绒毛状（图 5–14）。

（2）防治措施　根据品种特性，适期播种和定植，加强肥水管理，适时采收。

2. 早花

（1）原因　植株幼苗时期过早地遇到低温，诱导花球过早分化与形成，这是造成早花的主要原因。另外，定植过密，土壤贫瘠，肥力条件差，营养生长得不到充分发育等也会出现早花（图 5–15）。

图 5–14　花球毛花

图 5–15　早花现象

（2）防治措施　掌握好品种特性及其对环境条件的要求，掌握播种期，及时供应肥水，保证植株正常的营养生长。

3. 青花、紫花

（1）原因　花球发育过程中，遇到骤寒骤热或低温天气，花球上产生绿色小苞片、萼片等不正常现象（图 5–16）。

（2）防治措施　选择抗逆性强的品种，调节好播种期，结球期加强栽培管理，在低温天气来临和骤然降温之前进行覆盖。

图 5-16　花球发紫

4. 散花球

（1）原因　由于结球期间温度过高，一般在 24 ℃以上，花球膨大受抑制，而花薹、花枝生长迅速，伸长后导致散花球。另外当花球充分长大后不及时采收，也会引起散球（图 5-17）。

图 5-17　花球散花

（2）防治措施　适期播种，将花球形成期安排在日均温 15 ～ 23 ℃的月份里，以避免结球期间遇到高温。在花球充分长大后及时采收。

5. 裂花与黑心

（1）原因　由于土壤缺硼、缺钾，引起花球内部开裂，花枝呈空洞状，花球周围小叶发育不良，叶缘卷曲，叶柄发生小裂纹，生长点萎缩，花球带苦味（图 5-18）。

图 5-18　花球裂花黑心

（2）防治措施　多施有

机肥，氮、磷、钾配合使用，基肥中每亩加施 2 ~ 3 千克硼砂。生长期间适当进行叶面喷肥，可用 0.2% 的硼砂或 0.2% 的磷酸二氢钾溶液喷 2 ~ 3 次。

（八）贮藏与加工

1. 贮藏

（1）保鲜膜单花球套袋贮藏　花椰菜贮藏前，应放在密闭容器中，用美帕曲星等药物做密闭熏蒸处理 24 小时，用药量为每 10 千克花椰菜用 1 ~ 2 毫升药剂。熏蒸处理后，再将每个花球单独装 1 个保鲜袋，封好口，装入筐或箱中，放在 0 ~ 2 ℃下贮藏。有条件的，最好用通风库或冷库贮藏。

（2）冷库贮藏　将待贮藏的花球装入筐或箱中，或单个花球装入保鲜袋中，然后堆放在冷库中。堆放时，筐或箱堆间要留一定的距离，以利通风和人工操作。库内温度控制在 0 ~ 2 ℃，空气相对含水量控制在 90% ~ 95%。利用冷库，能较长时间保存花椰菜，一般加工出口都利用冷库进行贮藏保鲜。

（3）假植贮藏　当花球还未能长成符合收获标准大小时，因温度较低，花球不能继续生长，将这些植株连根挖起，假植在温度条件适宜的地方，利用植株叶、茎、根中的养分继续提供给花球，使花球能逐渐长大，最终长成符合收获标准的花球。具体做法：先挖好假植沟，将移植的花椰菜的黄叶、病叶摘掉，再用稻草将留下的叶片捆好，包住花球，将植株连根带土坨挖起。然后一株一株紧密摆放在假植沟中，用土埋住根部，并适量浇水。贮藏初期要防止温度过高，一般保持温度在 2 ~ 3 ℃。后期保持温度在 5 ～ 8 ℃，不能低于 0 ℃。

（4）窖藏　将需要贮藏的花球保留 3 ～ 5 片叶，然后装筐或箱，每筐或箱中装 2 ～ 3 层，装好后码于窖内，也可用薄膜覆盖，但不要盖得过严，以利通风。窖内温度控制在 1 ～ 2 ℃，空气相对含水量为 90% ～ 95%。窖内温度、湿度及二氧化碳、乙烯等主要利用通风口进行调节。贮藏期间要定期检查，及时取出变质的花球和脱落的叶片。

2. 加工

（1）保鲜花椰菜　保鲜花椰菜加工流程：原料收购→运输→选择→整理→分级→包装→计量→入库存。

首先将收获的花球选择整理，选取品质新鲜，色泽洁白无腐败，无病虫害，无机械伤，花球圆整，结球紧实，花蕾细密洁白，蕾枝白色粗短，有明显光泽的花球。保留 4 ～ 6 片叶，切除多余的叶片和花茎，保证叶片顶端比花球顶部长 5 厘米，保留花茎基部 1 厘米。然后按照花球直径分级装箱，不同客商分级标准不一样，一般分为四级。S 级：花球直径 9 ～ 11 厘米；M 级：花球直径 11 ～ 13 厘米；L 级：花球直径 13 ～ 15 厘米；LL 级：花球直径 15 ～ 17 厘米。将花球轻轻整齐摆放进纸箱或专用柳条筐中，也可以先将花球用包装纸包好，再装箱。最后按品种、规格分别贮存，贮存温度保持 1 ～ 2 ℃，空气相对含水量 90% ～ 95%。

（2）速冻花椰菜　速冻花椰菜的加工流程：原料验收→切削→浸盐水→漂洗→烫漂→冷却→称量→装盘→冻结→包冰衣→包装→贮藏。

收购原料要求花球洁白，品质新鲜，无病虫害，无腐败，无机械伤或允许有轻微机械伤；球形周整，花蕾细密洁白，蕾枝白色粗短，结球紧实，无裂球。首先将花球洗干净，先切去外叶和叶柄，再切分成花蕾直径 3 ～ 5 厘米大小的块（块的大小按外商要求确定）。将切分好的花块用 2% 的盐水浸泡 20 分钟，以达驱虫的目的。然后放入 100 ℃沸水中漂烫 2 ～ 3 分钟，或用蒸汽漂烫，一般需 4 ～ 5 分钟。再用冷水快速冷却至 10 ℃以下。在固定框架内，交叉排列，花蕾向外，在介质温度 - 35 ℃以下冻结，于震动沥水机上沥水，冻结后按照客户要求包装、装箱。置于 - 18 ℃冷库中贮藏。

（3）脱水花椰菜　脱水花椰菜的加工流程：选料→整理→清洗→漂烫护色→脱水→成品挑选→包装。

供脱水加工的花椰菜花球要大，肉色洁白而鲜嫩；花球厚实，花枝短，球面无茸毛及粉质，无虫伤、无机械伤，无腐败。首先除去花球的外叶和基部，而后将花球切分成一个个小花球。要求小花球大小均匀，直径为 1 厘米左右。用清水漂洗后，将小花球放入 20 毫克 / 千克的柠檬酸溶液中浸泡 15 分钟，浸后沥干，再放入沸水（清水）中漂烫 3 ～ 4 分钟，取出迅速入冷水中冷却。冷却后再于 20 毫克 / 千克的柠檬酸溶液中浸 2 分钟。将处理后的花椰菜均匀地摊入烘筛中，立即放入烘房。烘房温度保持在 55 ～ 60 ℃，烘到产品含水量为 6% 时出烘房，挑出花椰菜中的杂质、变色的及未干的小花球，再将未干的复烘。操作要快，挑选结束后迅速包装，以防止吸潮。采用听装包装，成品含水量不得超过 7.5%。装好后用焊锡密封，不得有漏气，然后装纸箱。

六、羽衣甘蓝

羽衣甘蓝又称绿叶甘蓝、牡丹菜、叶牡丹，属十字花科芸薹属甘蓝种的一个变种，是以其卷曲羽状嫩叶为食用部位的二年生草本植物。羽衣甘蓝原产于以意大利海岸为中心的地中海一带，是一种接近甘蓝野生种的蔬菜，栽培历史悠久。公元200年古希腊人就广泛栽培，英国、德国、荷兰等国家都广为栽培。品种之间因叶的颜色不同而有差异，有紫红的、鲜红的、红绿相间的及形状如莲花的观赏品种。作为蔬菜栽培的一般为绿色。羽衣甘蓝可以被连续不断地剥取叶片，并不断产生新的嫩叶。其植株在营养生长期茎较短，粗且坚硬。

羽衣甘蓝在17—18世纪已传入我国。以前主要作为观赏植物栽培，近年来开始作为蔬菜进行栽培。羽衣甘蓝在甘蓝类蔬菜中，是较耐热又耐寒的品种，生长势强，所以栽培容易，可以周年生产与供应，能很好地填补甘蓝生长的淡季，是一种很有前途的新兴蔬菜。

羽衣甘蓝比普通甘蓝营养价值高，维生素含量和矿物质含量特别丰富，尤其是维生素A、维生素B_2、维生素C和钙的含量，比一般甘蓝高得多，可与青花菜媲美。每100克嫩叶中含蛋白质3.9～6.0克、脂肪0.6～0.8克、糖类7.2～9.0克、维生素A 150～330毫克、维生素B_1 0.6毫克、维生素B_2 0.26～0.32毫克、维生素C 150～200毫克、钙225～289毫克、磷67～93毫克、铁2.7毫克，还有锌等微量元素。其热量仅209焦耳，是忌胖者的理想食品。常食羽衣甘蓝有健胃功能，还可保护血管，改善血液循环，对防治心血管病症有一定功能。因其含钙量高且易吸收，也是补钙的首选蔬菜。

羽衣甘蓝的嫩叶有多种食用方法，可炒食、凉拌、做汤等。炒食可荤炒，也可素炒，风味清鲜。还可用糖、醋加各种调料腌渍，也用于制作色拉。其嫩叶经沸水煮、烫或烹饪后，仍能保持鲜艳的绿色，配上其他颜色的蔬菜可拼成各种美丽的图案，很受消费者欢迎。

（一）形态特征

羽衣甘蓝植株高大，根系发达，主根粗大，须根较多，根系主要分布在30厘米左右的耕作层中。

茎直立，短缩，密生叶片。营养生长期茎较短，较粗。到第二年生殖生长时期抽薹开花时，茎可达150厘米。

叶片柔软，有皱缩与平滑两种，叶片较厚。叶柄较长，约占全叶长度的1/3。叶片蓝绿色、绿色或深绿色，无蜡粉，圆形或椭圆形。边缘为羽状分裂，裂片互相覆盖，形似皱褶，有的向外卷曲，有很好的观赏性。

越冬成株至翌年4—5月抽薹开花。花为总状花序，异花授粉，花黄色。

果实为角果，扁圆柱状，表面光滑无毛。种子圆形、扁圆形，黄褐至黑褐色，千粒重3～4克。

（二）生长发育过程

羽衣甘蓝生育周期可分为营养生长和生殖生长两个时期。营养生长包括种子发芽期、幼苗期和叶丛生长期。生殖生长包括现蕾、抽薹期和开花、结果期。

（三）生长发育对环境条件的要求

1. 温度

羽衣甘蓝喜冷凉和温和的气候。种子在 5 ℃左右便可缓慢发芽，15 ℃以上发芽较快，20 ～ 25 ℃时发芽最快。植株生长的最适温度为 20 ～ 25 ℃，耐寒性也极强，经锻炼良好的幼苗能耐 –12 ℃的短时间低温。成株生长期间能忍受短暂的霜冻而不枯萎，温度回升后仍可正常生长。采种株要在 2 ～ 10 ℃温度下经 30 天以上才能通过春化抽薹开花。羽衣甘蓝也较抗高温，气温在 35 ℃以上也能生长，但在高温下收获的叶片风味较差，纤维素增多，质地变硬，品质下降。

2. 光照

羽衣甘蓝是长日照作物，喜充足阳光，在完成春化阶段后，要有一定的长日照条件的光周期，才能进行花芽分化，开花结实。在营养生长期间，长日照和较强的光照条件下，叶片生长快速。但较弱的光照有利于提高羽状嫩叶的品质，烈日照射会使叶片老化，品质下降。

3. 水分

羽衣甘蓝喜湿润，对水分需求量较大，要求土壤相对含水量为 75% ～ 80%。但也不耐涝，土壤湿度过大，根不发，易发病。

羽衣甘蓝在幼苗期和莲座期能忍耐一定的干旱，但土壤水分不足，产量和品质都会明显降低。

4. 土壤和养分

羽衣甘蓝对土壤的适应性较广，但在排水性能良好、富含有机质的沙壤土和黏质壤土中栽培最宜。在钙质丰富、土壤 pH 值 5.5 ～ 6.8 的土壤中生长最旺盛。

羽衣甘蓝是一种吸肥力强的作物，除施足基肥外，生长期间还要经常追施薄肥，特别是氮素养分，并配合施用适量的磷、钾、钙肥，有利于提高羽衣甘蓝的产量和品质。

（四）类型与品种

1. 栽培类型

根据叶面皱缩与否，可分为皱叶型和平滑型（图 6–1、图 6–2）；根据植株高矮可分为高生种和矮生种（图 6–3、图 6–4）；根据用途可分为观赏种和食用种（图 6–5、图 6–6）。

图 6–1　皱叶型羽衣甘蓝

图 6–2　平滑型羽衣甘蓝

图 6-3　高生种

图 6-4　矮生种

图 6-5　观赏型羽衣甘蓝

图 6-6　食用型羽衣甘蓝

2. 主要品种

（1）沃特斯　美国引进的新品种，适合市场鲜销和加工。株高中等，生长旺盛。叶片深绿色，无蜡粉；嫩叶边缘卷曲成皱褶，绿色，质地柔软，风味浓。耐寒力很强，耐热性良好，耐肥、耐贮，抽薹晚。采收期长，可春秋季露地栽培或冬季大棚、温室栽培。从播种至开始采收约需 55 天。

（2）沪羽甘 1 号　上海市农业科学院园艺研究所选育的食用羽衣甘蓝早熟品种。抗黑腐病。开展度 85 厘米，株高 75 厘米。叶片呈鸟羽状，叶缘细裂卷曲，深绿色，蜡质轻，叶片口感脆嫩。植株嫩叶层数多，叶片节间短，新叶萌发率强。

（3）红妃　由上海农业科学院选育，株型抱卧式，叶型深皱，心叶紫红，色泽极为鲜艳。生长势强，自然抗病性强。外叶数 10 片，内叶数 49 片。株高 8.2 厘米，开展度 42.7 厘米。显色早，显色期 50 天，观赏期 155 天。

（4）科仑内　荷兰引进的优良杂种一代。属早熟品种，播种后 50 天即可收获。株高中等，生长迅速且整齐。该品种耐寒性强，耐热、耐肥性也好。一般 3 月中旬播种，如管理好可陆续采收到 10 月。

（5）穆斯博　荷兰引进的优良杂种一代。株高中等，生长旺盛。叶片绿色，羽状细裂，叶缘卷曲度大，外观很美，与其他品种相比，很少发生黄叶现象。耐寒能力与耐热能力均较强，适于秋季、冬季栽培。

（6）粉玉　适合在黑龙江省中南部地区栽培的观赏羽衣甘蓝新品种。茎直立、近圆形、红色，成株皱叶，矮生，株高 30 ～ 35 厘米；心叶紫红色，外叶叶基红色，边缘绿色；整叶有红色叶脉，边缘褶皱；叶紧凑，开展度 35 ～ 40 厘米；总状花序，四强雄蕊，角果，种子红褐色、圆形。

（7）京引 104203　美国引进的优良品种。植株较高，生长势较强。叶片深绿色，叶缘卷曲度大，呈椭圆形毛刷状，外观好看。抗逆性强，耐寒耐热。采收期长，春季播种如做好田间管理，可延续采收到冬季。

（8）霓裳　由江苏丘陵地区镇江农业科学研究所选育的晚熟品种。株型挺立，裂叶叶形、外叶深绿、心叶粉红，株高25厘米，植株开展度35.25厘米，心叶开展度21.50厘米，外叶数16.3张，心叶数25.75张，心叶转色比60.99，转色期70天。耐寒、抗病，春季二次转色效果好。

（9）梦幻　由江苏丘陵地区镇江农业科学研究所选育的中熟品种。株型卧式，浅皱叶叶形、外叶深绿、心叶粉红，株高18.7厘米，植株开展度34.5厘米，心叶开展度20.9厘米，外叶数16.5张，心叶数32.6张，心叶转色比60.58，转色期72天。颜色鲜艳，耐寒。

（五）茬口安排与播种期

羽衣甘蓝适应性广，既耐寒又耐热，是一种容易栽培的蔬菜，可周年生产，均衡供应。栽培季节主要是春、秋两季栽培为主，根据需要也可利用保护地栽培。南方地区除高温季节外，秋、冬、春季均可露地栽培。长江流域春季栽培，可于1月下旬至2月上旬在保护地播种育苗，3月上中旬露地定植，4月中下旬开始采收；或2月下旬至3月上旬直播，4月下旬开始采收。秋季栽培，可于7—8月播种育苗，10月开始采收；秋保护地越冬栽培，可于8月下旬至9月播种，可采收到翌年3月。北方地区春露地栽培，可于2月下旬至3月上旬在保护地育苗，4月初露地定植，5月上旬开始采收；露地直播，可于4月初播种，

5月上旬开始采收。夏季栽培，选用耐热品种，5—6月错开播种，露地直播，并采用遮阳网等遮阳措施，7—8月采收。露地秋播，于6月下旬至7月播种，8月定植，10月开始采收；也可于8月至9月中旬育苗，利用日光温室栽培，11月采收，延续至翌年春季。

（六）栽培技术

1. 秋季栽培技术

（1）播种育苗　羽衣甘蓝大面积种植可进行直播，小面积种植大多采用育苗移栽的方式进行栽培。露地直播应先整地、施肥、作畦，畦可分平畦和高畦2种。直播时，做成畦宽120厘米，畦面整细耙平，每畦种2行，按株距30～40厘米进行点播，每穴播4～5粒种子。出苗后及时间苗，2～3次间苗后每穴留1株。有条件的可先将种子点播，再覆盖地膜，出苗后打洞放苗。

如育苗移栽，一般每生产1亩羽衣甘蓝需苗床4平方米，用种量15～25克，播种方式可条播或撒播。条播时按5～6厘米的行距开浅沟，约1厘米撒1粒种子。如果用育苗穴盘或营养钵育苗，直接定植，用种量为15克。具体可参照青花菜。苗龄30天、叶龄4～5片叶时定植。

（2）定植　应选择肥沃的壤土或沙壤土地块，充足的有机质基肥是种植羽衣甘蓝取得优质高产的关键措施之一。基肥可用已腐熟的有机质肥料，亩施5 000～6 000千克，再加施过磷酸钙30～40千克。充分混匀，铺撒耕耙2遍后做畦。做畦的形式可根据各地区的耕作条件和气候情况而定。多雨地区宜做高畦，干旱地区做平畦。一般畦宽 110 厘米，双行定植。若用地膜覆盖，铺好地膜后，打孔定植。为防止杂草，可在做畦后喷施除草剂，每亩用 48% 氟乐灵乳油 125 ～ 150 毫升，或用 33% 除草通 150 毫升均匀喷布地面。

（3）定植密度　要根据不同品种及季节等确定，以陆续采摘嫩叶片的要适当密植，每亩定植 2 800 ～ 3 500 株。每 2 ～ 4 行留一条工作行，以便于操作。大面积定植前 2 ～ 3 天，苗床于起苗前一天灌透水，第二天趁床土黏湿切坨起苗（土坨长和宽 7 ～ 8 厘米）。用穴盘或育苗钵育苗的直接定植。当苗龄 30 ～ 40 天，有 5 ～ 6 片真叶时，即可定植。

（4）田间管理

① 水分管理。定植后，前期气温高，蒸发量大，要浇足定植水和缓苗水。不宜蹲苗，应任其尽快生长。如果干旱无雨，一般 1 ～ 2 天浇 1 次水。缓苗后适当控制浇水，一般 7 ～ 10 天浇 1 次水。以后随着植株长大，外叶封垄，减少了土壤水分蒸发，同时根系入土稍深，可根据天气情况逐渐减少浇水次数。羽衣甘蓝茎叶生长量较大，消耗水分也较多，要经常保持土壤湿润。夏季降雨集中时，要注意排除积水。

② 追肥。虽然羽衣甘蓝适应性很强，对田间管理要求不太高，但高产优质栽培的关键是保证充足的肥水。一般在缓苗后进行第 1 次追肥，每亩施尿素 10 ～ 15 千克，以促进茎叶生长，提高产量和品质。至采收前再追肥 1 ～ 2 次，即每隔 7 ～ 10 天追施复合肥 1 次，采收期间每隔 15 天左右追肥 1 次。另外，还可

以每间隔 7 ～ 10 天叶面喷施 1 次爱多收或奥普尔多功能液肥或 500 ～ 600 倍磷酸二氢钾液，共喷 3 ～ 4 次。

③ 中耕除草。中耕可防止地面板结，促进土壤通气。中耕次数及深浅，依天气和植株大小而定。第 1 次中耕适当深点，在植株周围锄透，但又不能伤根。以后适当浅锄，并向植株周围培土，减少水肥流失。一般在植株封行之前可中耕 2 ～ 3 次，深度为 3 ～ 4 厘米。以后及时清除田间杂草。

（5）病虫害防治　羽衣甘蓝生长期间的病害主要有霜霉病、软腐病、黑腐病。虫害主要有蚜虫、小菜蛾、菜青虫、蛴螬等。

① 霜霉病。真菌性病害。在叶面初生黄绿色斑块，无明显边缘，叶背出现白色霉状物。扩大后，受叶脉限制呈多角形斑，由淡黄色变为淡黄褐色。病重时病斑连片枯黄。气温偏高，雨水多或田间湿度过大，昼夜温差较大，多露或多雾的条件下，病害易流行。在发病初期可采用 40% 乙磷铝可湿性粉剂 500 倍液，或 69% 安克锰锌可湿性粉剂 1 000 ～ 1 200 倍液，或 25% 瑞毒霉可湿性粉剂 500 倍液，5 ～ 7 天喷施 1 次，连喷 2 ～ 3 次。

② 软腐病。细菌性病害。该病多在羽衣甘蓝的生长中期发生，导致叶柄基部腐烂、瘫倒。有时从短缩茎开始向外腐烂，呈黏稠状，具恶臭。病菌主要是通过灌溉水、雨水、肥料和昆虫传播，故种植羽衣甘蓝最好采用高畦，增施腐熟有机肥，防止大水漫灌和积水，在灌水前拔除病株，病株穴要撒石灰消毒。发病初期可用农用链霉素 200 毫克 / 千克，或新植霉素 200 毫克 / 千克，或 DT 杀菌剂 600 倍液，或新万生 600 倍液，或抗菌剂 401 500 倍液，或 50% 代森铵 600 倍液，或 70% 敌克松 800 倍液等

药剂喷洒或浇灌病株。

③ 黑腐病。细菌性病害。主要症状是从叶缘向内形成“V”形黄褐色病斑，发病严重时病斑扩展到叶脉，病菌能沿叶脉、叶柄发展，沿维管束延深至根部和茎部，引起植株萎蔫，地上叶片枯死。发病后喷施3%生菌素200～300倍液，或70%农用链霉素4 000～6 000倍液，或金霉素50毫克/千克，或新植霉素200毫克/千克，或50%代森铵水剂800倍液，或25%瑞毒霉500倍液，选择上述药剂之一，交替使用，每7～10天喷1次，连喷3～4次。

④ 蚜虫。可用40%乐果乳油800倍液，或2.5%灭幼脲胶悬剂1 000倍液，或70%灭蚜松2 500倍液，或10%氯氰菊酯2 000～4 000倍液，或50%避蚜雾2 000倍液，或36%达富2 000～3 000倍液，使用上述药剂之一，喷雾防治。

⑤ 小菜蛾、菜青虫。可用5%抑太保或5%卡死克4 000倍液，或5%敌杀死或20%氰戊菊酯3 000～5 000倍液，或20%速灭杀丁2 000～3 000倍液等，使用上述药剂之一，喷雾防治。

⑥ 蛴螬。用90%晶体敌百虫100～150克或50%辛硫磷乳油100克拌细土15～20千克制成毒土，撒施于定植穴内，再定植。在危害重的菜田用90%晶体敌百虫800倍液，或25%西维因可湿性粉剂800倍液灌根，每株浇药液0.15～0.20千克即可。

（6）采收　一般定植后25～30天，外叶展开10～12片时，开始采摘中部已长成而叶缘皱褶仍未展开的嫩叶，大小略小于手掌宽（图6-7）。每次每株可收3～5片叶。随着上部叶片长大又可陆续采收。采收时需注意留住顶部生长点及下部老叶，以保留生长势以及植株光合作用。早春和晚秋气候冷凉，温度适宜，叶片质地脆嫩、品质好，可隔 10 ～ 15 天采收 1 次；夏季高温，叶片纤维稍多，风味较差，应缩短采收时间的间隔，一般 4 ～ 5 天采收 1 次。采收宜选在晴天上午露水干后进行，避开雨天，以免因采摘伤口感染病害。

图 6-7　采收嫩叶

2. 春季栽培技术

（1）品种选择　春露地种植羽衣甘蓝，要求品种抗寒、丰产、上市早、质嫩、口感好。目前种植较多的品种有沃斯特、穆斯博等。

（2）播种　春露地羽衣甘蓝播种，长江流域多在 1—2 月保护地育苗。可穴盘育苗也可苗床育苗。苗期管理以保温、加光照、降低苗床的湿度为主，培育壮苗。定植前逐步撤除薄膜炼苗。

（3）定植　定植前选择 2 ～ 3 年未种过十字花科蔬菜的田块，耕地前要彻底清除前茬残留物，施足基肥，耕翻整碎后做畦。当苗有 5 ～ 6 片真叶时定植。一般亩定植株行距为（30 ～ 45）厘米 ×（35 ～ 45）厘米。

（4）田间管理　羽衣甘蓝全生育期需水较多，定植后，适时浇缓苗水。未盖地膜的一般在栽苗后 4 ～ 7 天浇水，用地膜覆盖的可延后 3 ～ 4 天。由于此时外界气温及地温尚低，植株生长量很小，浇水量不宜过大。待地表稍干时进行深中耕，提高地温，促进根系生长。生长前期若遇到雨季应注意清沟排渍。随着温度的升高，植株生长加快，需加大灌水量并增加灌水次数，后期土壤见干见湿管理。

在施足底肥的基础上适量追肥。前中期是追肥的重点时期，每亩可施尿素 20 千克。采收期，每采收 1 次追肥 1 次。并结合中耕除草培土，培成半高垄防倒伏。为减少病虫害侵染，可用竹竿或树枝搭支架防风，打掉基部老叶，基部保持 5 ～ 6 片功能叶。采收期间每隔 10 ～ 15 天追肥 1 次，叶面喷施 1 次爱多收或奥普尔多功能液肥。

3. 保护地栽培技术

（1）品种选择　用于保护地栽培的品种，要具有耐寒性强，耐肥，耐贮存，晚抽薹和采收期长等特点。适合冬季保护地栽培的主要品种有沃特斯和京引 104203。

（2）培育壮苗　冬季保护地种植羽衣甘蓝主要是为了供应元旦、春节市场。育苗多在 8 月中下旬，正是高温多雨季节，具体播种与管理方法同秋季栽培，主要是为幼苗创造最适宜的生长环境，培育出壮苗用于大田生产。

（3）定植　羽衣甘蓝采收期很长，需肥量大，一般亩施优质农家肥 3 000 千克，过磷酸钙 50 千克，硫酸钾 40 千克，磷酸二铵 50 千克，深翻土壤 30 厘米，然后整细耙平，做成连沟 110 ～ 120 厘米宽的小高畦，最好铺盖地膜，每畦双行定植，株距 45 ～ 50 厘米。定植时要选晴天傍晚或阴天进行，避开高温、炎热天气。起苗时多带土，尽量少伤根，适当浅栽。秧苗要选健壮、整齐一致的定植。

（4）扣棚及管理 由于生长前期气温高，蒸发量大，因此定植后 2 ～ 3 天需再浇 1 次缓苗水，并及时中耕除草 2 ～ 3 次。以后根据田间情况，每隔数天浇水 1 次，保持土壤湿润。浇水可结合追肥，随水施尿素，亩施 20 千克。总之，从定植到扣棚之前，可按照秋露地栽培进行追肥、浇水、防病治虫等管理。田间管理原则应以促为主，即在秋末冬初天气尚不寒冷，而光照又较好的环境条件下，及时追肥、浇水，提供充足的肥水条件，以促使植株正常生长。如有缺苗可随时补苗，并加强对补栽苗的管理，做到齐苗壮苗。

当夜间气温低于 5 ℃时覆盖薄膜，扣棚时间为 10 月 15—20 日。羽衣甘蓝喜冷凉气候，生长适温为 18 ℃左右，温度过高会导致叶片纤维增多，品质变差。扣棚后注意天气变化及保护地中的实际情况，适当通风排湿，保证白天温度 15 ～ 20 ℃，夜间温度 5 ～ 10 ℃。立冬后气温继续下降，夜间要加盖草苫，日常要做好草苫揭盖工作。保持土壤湿润，土壤相对含水量为 75% ～ 80%，空气相对含水量为 80% ～ 90%，通过控制浇水及放风等措施调节湿度。后期气温降低，每次浇水量不要过大，以小水勤浇为好，有利于生长，并减少病害发生。

（5）适时采收 大叶 7 ～ 8 片时即可陆续采收心部刚展开的嫩叶。每采收 1 次嫩叶均应追肥 1 次，数日后将植株下层成熟老叶去除，促进内叶继续不断地发生。采后的产品捆成 200 克左右 1 把，切齐叶柄出售，且要及时包装上市。

（七）贮藏与加工

羽衣甘蓝的品质风味以冬季及早春气温冷凉时为好，经初霜冻后其风味更佳。羽衣甘蓝较耐贮存，采收的嫩叶片，先剔除病叶及虫咬、腐烂、不新鲜的叶片，然后整理切齐叶柄，用扎好小孔的保鲜膜包裹，贮存于 2 ～ 5 ℃冰箱中 1 周。大量贮藏时应用保鲜膜包扎后贮藏于 0 ℃、空气相对含水量 95% ～ 100% 的库中，可保存 2 ～ 3 周。

羽衣甘蓝可进行脱水、榨汁加工等。脱水方法可参见甘蓝的脱水方法。

七、芥蓝

芥蓝是十字花科芸薹属一二年生草本植物，是甘蓝种的一个变种。芥蓝原产于我国南方地区，是我国特产蔬菜之一。在我国南方栽培普遍，是秋冬季栽培的主要蔬菜之一。目前，在我国其他地方也已试种成功，栽培面积在不断扩大。近年来，在华北交通方便的地区建立了夏季生产出口基地，需求量不断增加。

芥蓝有两类，开白花的称白花芥蓝，开黄花的称黄花芥蓝。白花芥蓝主要以肥嫩花薹及其嫩叶供食，炒食质地柔嫩，色泽翠绿；黄花芥蓝菜薹较细，以采摘幼嫩植株上市。

芥蓝是甘蓝类蔬菜中营养较丰富的一种。据测定，每100克鲜品含水92～93克、蛋白质2克、碳水化合物2.5克、粗纤维0.64克、维生素C 51～68毫克、钙176毫克、磷60毫克、钾353毫克、镁52毫克等。芥蓝茎叶含有甘蓝类蔬菜特有的芳香物质，因而很受欢迎，是餐桌上的佳肴。

芥蓝食用方法很多，以炒食最佳，把菜薹切成7～8厘米，然后清炒，也可与荤菜等同炒，如与猪肉、牛肉、蛋、腰花等搭配炒，时间要短，这样味道鲜美，清甜爽口。

（一）形态特征

芥蓝根系入土不深，根群主要分布在15～20厘米的耕层内，根幅 20 ～ 30 厘米。须根较多，根系再生能力强，易生不定根。

茎直立，较粗大，绿色，被蜡粉，为短缩茎；肉质肥嫩，纤维少，绿白色。茎部分生能力较强，主薹收获后，腋芽能迅速抽成侧花薹。侧薹采收后，基部又可再发生侧花薹，故芥蓝可多次采收。

芥蓝叶片为单叶互生，基生叶呈长卵形或椭圆形等。叶色绿或灰绿，被蜡粉。叶面光滑或皱缩，叶基部深裂呈耳状裂片。叶柄长，为青绿色。薹叶卵形至长卵形，无柄或具极短叶柄，叶质柔嫩。

芥蓝初生花茎肉质，节间较长，可供食用。中后期花茎不断伸长和分枝，抽薹形成复总状花序。花为完全花，花瓣白色或黄色。异花授粉，为虫媒花。

芥蓝开花后形成角果，长 3 ～ 9 厘米。自初花至种子成熟需 75 天左右。种子近圆形，褐色或黑褐色，千粒重 3.5 ～ 4.0 克。

（二）生长发育过程

芥蓝的生长发育可分为营养生长期与生殖生长期。

1. 营养生长期

（1）发芽期　自种子播种至 2 片子叶展开、第一片真叶显露时为发芽期，需 7 ～ 10 天。子叶下胚轴为青绿色或紫绿色。子叶心脏形，绿色，对生。

（2）苗期　第一片真叶显露至第五片真叶展开，需 20 天左右。这段时期幼苗生长速度较慢，生长量只占总生长量的 5%。此时，在适宜温度下，植株茎端开始花芽分化。因此生产上如采用育苗移栽，幼苗期结束时是移栽的适宜时期。

（3）叶丛生长期　第五片真叶展开至植株显现花蕾为叶丛

生长期，需 20 ～ 25 天。此期叶片生长迅速，植株可长至 8 ～ 12 片叶，同时叶面积也在不断扩大，叶柄较长，茎部渐粗，节间较短。这一时期的长短，因品种及所处的条件不同而有差异。

2. 生殖生长期

（1）菜薹形成期　从植株顶端现蕾至主菜薹形成并可采收，此期需 20 ～ 30 天。叶片继续生长，其同化产物供应主花茎生长和花蕾分化发育。主薹采收后，基部腋芽又抽生形成侧薹。

（2）开花结果期　留种植株其花茎不断伸长，产生分枝，花蕾不断形成，然后自上而下逐渐开花。花期约 1 个月。自初花到种子成熟约 70 天。

（三）生长发育对环境条件的要求

1. 温度

芥蓝喜温和气候条件，生长发育的温度范围较广，在 10 ～ 30 ℃内均能生长，以 15 ～ 25 ℃为生长适温。生长前期需较高温度，菜薹形成期需较低温度，忌高温炎热天气。不同生育期对温度要求有所差异。发芽期适宜温度为 25 ～ 30 ℃，幼苗期适宜温度为 20 ～ 25 ℃，20 ℃以下则生长缓慢。15 ～ 20 ℃花芽分化最快。叶丛生长期适宜温度为 20 ℃左右。菜薹形成期适宜温度为 15 ～ 20 ℃，这时喜较大昼夜温差。温度高于 30 ℃则菜薹发育不良，纤维木质化，品质粗劣。低于 10 ℃则菜薹发育缓慢。开花结果期需要温度稍高。

芥蓝冬性不强，对低温比较敏感，在种子萌动后便可对低温有感应，适温下于幼苗期即开始花芽分化。当发芽期、幼苗期温度较低时，花芽分化加快，叶片数少，未能有较大的叶面积而抽薹，造成菜薹细小，产量低。如温度高则花芽分化延迟，叶片过分生长，不仅菜薹收获期相应延迟，而且菜薹组织粗老，质量差。

2. 光照

芥蓝属长日照作物，但对日照长短要求不严格。整个生长期间喜光照充足。光照条件好，植株生长健壮，茎粗叶大，菜薹质量好，但夏季强光会使菜薹老化。光照不足，植株易徒长纤弱，还容易感染病害。

3. 水分

芥蓝喜湿润的土壤，生长期间适宜的土壤相对含水量为80%～90%。到菜薹形成期更要保持土壤适当的湿度。如果土壤缺水，空气又干燥，则茎叶生长发育会明显受阻，形成的菜薹品质粗劣。但芥蓝不耐涝，土壤水分过多，影响根系的生长发育，甚至停止生长，所以雨后应注意及时排水。

4. 土壤和养分

芥蓝对土壤的适应性较强，以壤土、沙壤土为宜。由于芥蓝根系浅，最好选择土质疏松、保水保肥性好、富含有机质的壤土栽培。以中性或微酸性土壤最好。

芥蓝喜肥，对氮、磷、钾三要素的需求以钾最多，氮次之，磷较少。磷、钾对菜薹品质的影响较大，特别是钾肥对菜薹的形成和质量提高有特殊的作用。

芥蓝前期需肥量小，菜薹形成期是需肥高峰期。在生长前期对氮肥需要量大，而到菜薹形成期，对磷、钾肥需要量则相应增加。

（四）类型与品种

1. 栽培类型

我国栽培的芥蓝品种很多，依花的颜色可分为白花芥蓝和黄花芥蓝两种类型（图 7–1、图 7–2）。白花芥蓝栽培面积较广。依其生育期可分为早、中、晚熟品种。早熟种耐热性强，在较高温度下也能进行花芽分化，形成菜薹。中熟品种耐热性不如早熟种，耐寒性又弱于晚熟种，分枝力中等，产量高于早熟种。晚熟品种不耐热，较耐寒，分枝力较弱，一般产量较高、品质好。

图 7–1　白花芥蓝

图 7–2　黄花芥蓝

2. 主要品种

（1）皱叶早芥蓝　早熟种。叶大而厚，椭圆形，浓绿色，叶面皱缩，蜡粉多。主菜薹长 30 ～ 40 厘米，薹粗 3 厘米左右，薹叶较大。花白色，初花时花蕾着生较松散。主薹重 150 ～ 200 克，品质好。侧薹萌发力强。从播种至始收 65 ～ 75 天。

（2）秋宝芥蓝　中熟品种。生长整齐、强壮，株形直立，株高26.1厘米，开展度31.6厘米。叶片近圆形，绿色，叶长16.0厘米，叶宽15.7厘米，叶柄长7.9厘米。主薹头尾匀称，薹色绿。菜薹长17～20厘米（平均19.8厘米），菜薹粗1.8～2.0厘米，单薹质量100～120克。播种至初收57天。

（3）金品1290　适合福建省秋冬季种植。植株高度30厘米，株幅32厘米。叶片稍卷，近圆形，深绿色，叶长18厘米、宽14厘米，叶柄较短。肉质茎叶较小，叶柄长5厘米，肉质茎绿色、带少量蜡粉，长26厘米、横径2.2厘米，抽薹整齐，齐口花，主薹质量165克左右。以主薹及薹叶一次性采收为主的，从播种到采收约需50天；以大颗菜一次性采收为主的，从播种到采收约需60天（从移栽至采收约45天）；以主薹及再生侧薹多次采收的，播种至收获主薹约需60天，侧薹长度在18厘米左右时即可采收，收获时间可达60天以上。

（4）香港白花芥蓝　早熟种。叶椭圆形，绿色，叶面稍皱，蜡粉多。株型紧凑。主薹长20～25厘米，粗2～3厘米。花白色，初花时花蕾着生紧密。单薹重100克左右，品质好。薹叶较稀疏，侧薹萌发力较强。

（5）金笋　早中熟品种。长势强，株型半直立。株高36.5厘米，株幅36.1厘米，叶长24.1厘米，叶宽12.4厘米，叶柄长6.1厘米，主薹高25.6厘米，主薹粗2.4厘米，主薹质量90.4克。播种至初收66天，主薹延续采收29天。

（6）佛山中迟芥蓝　中熟种。植株较高，生长势强，分枝力强。叶片椭圆形，平滑。主薹较长且肥大，花球较大，主花薹重 50 ~ 200 克，质脆嫩、纤维少。从播种至初收约 70 天，延续采收侧花薹可达 70 天。

（7）金利　早中熟品种。长势强，株型半直立。株高 28.6 厘米，株幅 35.3 厘米，叶长 22.1 厘米，叶宽 13.5 厘米，叶柄长 6.2 厘米，主薹高 22.7 厘米，主薹粗 2.3 厘米，主薹质量 81.8 克。播种至初收 67 天，主薹延续采收 28 天。

（8）华芥 1 号　早中熟品种。长势强，株型半展开。株高 34.9 厘米，株幅 40.2 厘米，叶长 19.6 厘米，叶宽 13.6 厘米，叶柄长 6 厘米，主薹高 27.7 厘米、粗 2.1 厘米、质量 84.4 克。播种至初收 68 天，主薹延续采收 28 天。

（9）顺宝　植株直立，株高 28.0 厘米，株幅 27.9 厘米。叶片近圆形、绿色，叶长 19.5 厘米，叶宽 14.2 厘米，叶柄长 5.6 厘米，薹叶大小中等。薹色绿，抽薹整齐，齐口花，主薹高 22.6 厘米、粗 1.6 厘米，薹重 135 克。生育期 53 天。

（10）金品翠绿　植株直立，株高 27.1 厘米，株幅 24.5 厘米。叶片卵圆形、深绿色，叶长 18.0 厘米，叶宽 14.8 厘米，叶柄长 5.3 厘米，薹叶较小，薹色绿，抽薹整齐，齐口花，主薹高 22.8 厘米、粗 1.6 厘米，薹重 136 克。生育期 55 天。

（五）茬口安排与播种期

芥蓝类型、品种多样，对环境条件的要求不同，各地要根据栽培的气候条件，选用适宜品种，合理安排播种期。我国华南地区可 6—12 月播种，从 9 月到翌年 4 月收获上市。以秋冬季栽培最好。华北地区露地栽培，一般 4—8 月播种，6—11 月收获；也可利用保护地栽培，从9月至翌年3月播种，选用中晚熟品种，11月至翌年5月收获。长江流域露地栽培，一般7—9月播种，10—12月收获；也可保护地栽培，早春于2月保护地育苗，4—6月采收；秋延后保护地栽培，9—10月播种，翌年1—2月采收。12月下旬至翌年1月上旬，用晚熟品种，在保护地直播。育苗移栽时，4～6片真叶时定植，3—4月可陆续采收上市。

图7-3 露地栽培

图7-4 大棚加地膜栽培

2—3月，用中晚熟品种，保护地直播。育苗时，苗龄25～30天，于3—4月定植，5—7月可陆续采收（图7-3至图7-5）。

图7-5 大棚加小拱棚栽培

（六）栽培技术

1. 秋季栽培技术

（1）育苗 芥蓝可以直播，也可以育苗，但芥蓝根系再生能力强，所以育苗移栽有利于培育壮苗。具体方法参照结球甘蓝，苗期要尽量加强管理，培育出茎粗壮、叶面积较大的壮苗（图7–6）。

图 7–6　芥蓝壮苗

（2）定植　当秧苗达到要求苗龄时，一般 30 天左右，应及时定植。宜选择排灌方便、富含有机质的沙壤土地块。每亩施堆厩肥 2 500 ～ 3 000 千克，过磷酸钙 50 千克，缺钾地块再加 20 ～ 30 千克硫酸钾混合撒施。耕翻耙平后做畦。定植密度：早熟品种株行距为 20 厘米 ×30 厘米；中晚熟品种株行距为 20 厘米 ×35 厘米。起苗时苗要多带土，少伤根。定植时大小苗要分开，并剔除病、弱苗。定植后及时灌透定根水。

（3）田间管理

① 浇水。芥蓝喜湿润，但又不耐涝，根系分布区内不能积水，以防止软腐病和黑腐病的发生。浇过定根水后，隔 1 ～ 2 天浇缓苗水，以促使新根萌发，使其迅速恢复生长。活棵后适当蹲苗，促进根系发育。生长期间土壤相对含水量保持在 80% ～ 90%。

② 追肥。由于芥蓝的产品是菜薹，而菜薹的发育是植株由营养生长向生殖生长转化的结果，所以菜薹产量和质量与幼苗期和叶丛生长期植株的营养生长密切相关。只有在幼苗期和叶丛生长期植株生长旺盛、茎粗壮、叶数多而肥大的情况下，植株才能积

累更多的光合产物，从而获得较高的菜薹产量。因此，除了培育壮苗，加强前期管理是芥蓝高产优质的前提。

芥蓝的施肥要做到基肥与追肥并重，在施足优质基肥的基础上，追肥要本着勤施、轻施、逐渐加大肥料浓度的原则。在大部分植株主薹收获后，为促进侧薹的生长，应连续重施追肥 1 ～ 2 次，每亩每次可用复合肥 15 千克。追肥后应进行培土。

③ 中耕和培土。芥蓝缓苗后要及时中耕，中耕可保持土表疏松，促进根系发育。芥蓝生长中后期，茎由细变粗，上部较大，形成头重脚轻，易倾斜或折断，所以在中耕的同时要进行培土，以保证植株健壮生长和发育。

（4）病虫害防治　芥蓝病害主要有黑腐病、霜霉病、软腐病和病毒病等。常见的虫害有菜青虫、小菜蛾和蚜虫。

防治方法参照结球甘蓝。

（5）采收　芥蓝以食用花薹和嫩叶为主，故要及时采收。采收标准为花序充分发育，花蕾尚未开放，这时花薹长到最大，品质最好（图 7–7）。第一次采收在主薹长至与基叶等高时进行。采收主薹用小刀在基部 5 ～ 7 叶节处斜向下割下。采收节位过高，留叶多，则腋芽数多，腋芽所需要的养分不足，导致所形成的侧花薹细小；如采收节位过低，留叶少，不但影响主薹质量，而且基部腋芽数目减少，产量也低。侧薹长度在

图 7–7　收获的芥蓝

15 ~ 20 厘米时收获。采收时保留 1 ~ 2 片基叶，以保证菜薹质量。

2. 秋延后栽培技术

（1）品种选择　芥蓝秋延后栽培主要是为了供应元旦、春节时期的市场，宜选择耐寒性较强的中晚熟品种。同时也应考虑菜薹的产量和质量。目前适宜栽培的晚熟品种有泉塘迟芥蓝、皱叶迟芥蓝等；中熟品种有黄花芥蓝、登峰芥蓝等。

（2）育苗　长江流域一般在 9—10 月播种，具体播种时间可根据上市时间及品种熟性等确定。可采用育苗移栽，也可直播。直播方法有条播和撒播，但以条播为好。播种前，施足基肥，翻耕整碎后，做成 1 米宽半高畦，畦面要整细耕平，并用铁锹拍实，防止灌水后床土出现下沉不一或裂缝。灌透底水，保持土壤松软湿润，待墒情适宜时，根据不同品种，每畦划 5 ~ 6 条浅沟条播，每亩播种 150 ~ 200 克种子，播种后盖 1 层细土。出苗后应间苗 2 ~ 3 次，当第一片真叶展开时进行第一次间苗，当幼苗有 2 ~ 3 片真叶时进行第二次间苗，当幼苗长出 4 ~ 5 片真叶时及时定苗。选留健壮株，株距 15 ~ 20 厘米。育苗移栽可参照秋露地栽培的育苗、定植方法。

（3）田间管理

① 温度管理。无论是育苗移栽，还是大棚直播，播种至出苗温度要保持白天 25 ~ 30 ℃，夜间不低于 18 ℃，以利于快出苗、出齐苗。由于 10 月上旬之前，外界气温尚高，棚内温度白天易超过 35 ℃，故要进行通风降温。苗期白天温度维持在 25 ℃左右，夜间温度维持在 13 ~ 15 ℃。随着外界气温逐渐下降，需注意保温，并加强采光管理。到叶丛生长后期，要适当降温，白天

温度保持在 18 ～ 20 ℃，夜间温度保持在 10 ～ 15 ℃，有利于提高菜薹的产量和品质。

② 肥水管理。肥水要以促为主，要充分利用秋末冬初天气尚不寒冷，而且光照较好的环境条件，及时追肥、浇水，适时中耕，促进植株生长，抽薹前形成健壮营养体。在施足底肥的基础上，一般在幼苗期追肥 1 ～ 2 次，每亩可施碳酸氢铵或硝酸铵 15 千克。叶丛生长中后期进行追肥 1 次，每亩施尿素 10 ～ 15 千克，再加施磷酸二氢钾 30 ～ 50 千克。花薹抽生时再追 1 次，亩施尿素 10 千克加磷酸二氢钾 30 千克。主薹采收后，为加速侧薹生长，再追肥 2 ～ 3 次，每次每亩追肥量为尿素 8 ～ 10 千克，加磷酸二氢钾 30 千克。

生长期间要保持土壤湿润，但田间湿度不宜过大，避免造成根系生长不良。保护地栽培芥蓝，灌水时应掌握小水勤灌的原则。浇水宜在上午进行，浇水后注意通风降湿，减少病害发生。

3. 春早熟栽培技术

（1）育苗　长江流域大多于 1—2 月在保护地播种，选用耐湿、耐热性好的中、早熟品种。苗期要加强温度管理，白天设施内温度保持在 20 ～ 25 ℃，夜间温度保持在 15 ℃左右。如果温度偏低，植株生长较慢，而促进花芽分化，在幼苗期便通过春化，引起早期抽薹，这时的营养体尚未完全长成，积累的同化产物少，形成的花薹也必然纤细，降低花薹产量和品质。当苗龄 25 ～ 30 天，具有 4 ～ 5 片真叶时，就要定植，苗龄不能过长，以防止僵苗发生。

（2）定植　定植前 15 天左右扣棚提高棚内地温。施足基肥后做畦。定植时选健壮苗带土坨定植，栽苗不宜深，以苗坨土面与畦面栽平或稍低 1 厘米为宜。定植后浇定根水，由于气温低，蒸发量小，浇水量宜小。如浇水量过大，容易降低地温，造成土壤板结，不利于缓苗。

（3）田间管理　定植后要密闭大棚，注意防寒保温。定植至缓苗白天温度维持在 22 ～ 25 ℃，高温高湿有利于幼苗缓苗。缓苗后进入叶丛生长阶段，20 ～ 25 天内要逐渐降温，以 20 ～ 22 ℃为宜，但不能低于 15 ℃。花薹形成期适当降低温度，最高温度不能高于 25 ℃，最低温度不能低于 15 ℃，以较大的昼夜温差为好。随着外界气温逐渐升高，要不断加大通风量，直至撤棚，转为露地生产。

早春保护地栽培是芥蓝在保温条件下生长，如温度偏低、湿度过大，易发生霜霉病。因此更要注意棚内的温度和湿度调控，在满足温度条件下，要通风降湿。由于前期气温低，通风量小，水分蒸发量小，因此浇水量要小。随着气温升高，通风量加大，浇水量也不断增加，以保持土壤湿润。

缓苗后要选晴暖天气适时中耕，以保墒和提高地温，促进根系发育。现蕾前再连续中耕 2 ～ 3 次。定植后 1 周开始追肥，追肥要轻施勤施，一般 7 ～ 10 天追 1 次，追肥以速效氮肥结合稀粪为主。到现蕾抽薹加大施肥量，以保证植株充足的营养条件，促进花薹发育。

（七）贮藏与加工

芥蓝较耐贮藏和运输，如果采收后不能及时上市出售，可进行保鲜贮藏。采收后的菜薹要尽快在 1 ～ 3 ℃恒温、95% 相对含水量条件下进行预冷，然后分成小捆用保鲜膜包装，贮放在 0 ～ 5 ℃的冷库中。如需大量贮存，宜用纸箱或塑料箱包装，放入 1 ℃、相对含水量 90% 的冷库中。

芥蓝主要是通过保鲜加工出口，出口产品要求严格，要求薹茎鲜嫩，节间较长，薹叶柔软、新鲜。菜薹横径 1.5 厘米以上，长 13 厘米，花蕾未开放，无水渍和空心，无病虫斑。收割后修理整齐，去掉下部叶及黄叶、病叶，将菜薹基部切口修平，按一定规格用泡沫塑料箱包装运输，或贮存于 1 ℃的冷藏库中。

八、球茎甘蓝

球茎甘蓝又称苤蓝、擘蓝、松根、玉蔓茎、芥蓝头等，为十字花科芸薹属二年生草本植物。原产于欧洲地中海沿岸。由叶用甘蓝变异而来，是甘蓝种中能形成肉质茎的一个变种，其食用部为球状肉质茎。球茎甘蓝的皮色多为绿色、绿白色、浅黄绿色，少数品种紫色。球茎甘蓝适应性强，易栽培，耐贮藏、运输，世界各地有栽培。球茎甘蓝16世纪传入我国，在我国北方及西南各省作为特菜新品种栽培较普遍。

球茎甘蓝的营养价值很高，碳水化合物和含氮物质比结球甘蓝多1倍，维生素多0.5～1.0倍。肉质茎脆嫩，每100克苤蓝球茎可食部分含蛋白质5.9克、糖11克、粗纤维4.1克、钙81毫克、磷122毫克、铁1.1毫克，还含胡萝卜素、维生素B_1、维生素B_2、维生素C、烟酸等成分。球茎甘蓝的嫩叶也可食用，营养成分丰富。

球茎甘蓝肉质茎脆嫩，可以生吃，洗净去皮，切丝，用少许盐稍腌一下，加上调味料即可食。也可切丝与肉丝炒。用虾米烧时，风味更鲜美，还可切片煮汤等。球茎甘蓝是一种含钙质较高的蔬菜，并具有消食积、消痰积的功效，有助于治脾火盛、中膈有痰、腹内冷痛、小便淋浊等病。球茎甘蓝也具有较好的抗癌效果。

（一）形态特征

球茎甘蓝属须根系作物，自球茎的底部中央生一主根入土，自主根下部发生须根。根入土不深。根的再生能力较强，适于育苗移植栽培。

球茎甘蓝的茎短缩。茎在形成第一或第二片叶时短缩膨大，最后形成球状或扁圆形肉质茎，此为食用器官。茎表面光滑，有蜡粉，上着生叶片。球茎的外皮呈绿白色、绿色或紫色。肉质白色。通过春化阶段以后，在球茎顶部抽生花茎，花茎分为主花茎和侧花茎。

球茎甘蓝叶丛生于短缩茎上，叶片呈椭圆形、倒卵圆形或近三角形，叶面有蜡粉，叶片平滑，叶缘浅裂成波状。但叶柄较结球甘蓝细长，球茎上着生的叶稀薄。叶片有灰绿色、深绿色和紫色之分。

球茎甘蓝花为总状花序，属异花授粉植物，虫媒花。球茎甘蓝顶芽分化花芽抽薹，腋芽一般不能抽薹开花。花属完全花。每朵花的花萼有 4 枚绿色萼片，着生在花的最外轮。花冠黄色，由 4 枚花瓣组成，开花后呈“十”字形展开。

花凋谢后结出角果，呈扁圆柱状，表面光滑，成熟时细胞膜增厚而硬化。角果由假隔膜分为 2 室，种子成排着生于假隔膜的边缘，形成“侧膜胎座”，内含种子 15 ～ 17 粒。种子千粒重为 3.5 ～ 4.5 克。

（二）生长发育过程

球茎甘蓝为二年生蔬菜，从种子萌发到开花结实需经过营养生长和生殖生长两个阶段。第一年生长出根、茎、叶等营养器官，经过冬季感受低温而通过春化阶段。通过对球茎甘蓝春化研究分析，认为球茎甘蓝春化条件为，既需要一定的低温（0 ~ 10 ℃），又需要一定的营养体，即幼苗达到一定的大小（茎粗 0.41 厘米以上）。球茎甘蓝冬性比结球甘蓝弱，对低温要求不严格，易完成春化阶段，在第二年春季长日照适温条件下抽薹、开花，形成种子，6—7 月种子成熟，完成生殖生长阶段。

1. 营养生长期

（1）种子发芽期　从播种、种子萌动发芽到长出第一对基生叶片并展开，与子叶形成“十”字（即所谓“拉十字”）形的时期。

（2）幼苗期　从第三枚基生叶展开到长出第八片真叶，需 30 ~ 60 天。要根据幼苗的生长习性，加强肥水和温光控制，培育壮苗。

（3）莲座期　从第八片真叶形成到小球茎开始膨大，需 30 ~ 35 天。此时根吸收养分和叶片同化能力强，要提供适合茎叶和根系生长的条件。

（4）球茎形成期　球茎甘蓝肉质茎开始生长到完全膨大，为球茎形成期。所需天数，早熟品种相对较短，晚熟品种相对较长，一般需 30 ~ 70 天。

（5）休眠期　种株有一个休眠期，长江中下游以南地区可露地越冬，往北地区用于繁种的种株需假植，并贮藏于窖中，到翌年气温回升时定植露地，一般需 100 ~ 120 天。此期要掌握好露地安全越冬和贮藏种株的管理。

2. 生殖生长时期

（1）抽薹期　球茎甘蓝由肉质茎顶端生长点抽出花薹，需

25～40天。

（2）开花期　从显蕾、开花到全株花谢，需30～40天。

（3）结荚期　从花谢至角果变成黄熟时，为结荚期。一般需30～40天。

（三）生长发育对环境条件的要求

1. 温度

球茎甘蓝喜温和、冷凉气候，其生长温度范围较宽，一般在6～22 ℃的温度条件下皆能正常生长。种子发芽适温为23～25 ℃，3天即能出苗。球茎甘蓝肉质茎生长适温为15～20 ℃。在昼夜温差明显的条件下，有利于养分积累，肉质茎生长良好。气温在25 ℃以上时，特别在高温干旱下，球茎生长不良，肉质纤维化，球茎小。肉质茎较耐低温，能在5～10 ℃的条件下缓慢生长，但成熟的肉质茎抗寒能力不强，如遇–3～–2℃的低温易受冻害。抽薹开花期抗寒力弱，10 ℃以下，影响正常结实，–1 ℃以下花薹受冻。适宜开花结荚的温度为20～25 ℃。

2. 光照

球茎甘蓝属长日照喜光作物。在植株未完成春化前，长日照有利于营养生长；完成春化后，长日照有利于加速抽薹、开花。球茎甘蓝对于光照强度的适应范围较宽。在光照不足的条件下，幼苗易徒长，球茎叶萎黄，易脱落。在肉质茎膨大期，要求日照较短和光强较弱。

3. 水分

球茎甘蓝的根系分布较浅，不耐干旱，在湿润气候条件下有利外叶和肉质球茎生长。特别在肉质茎膨大期，土壤要湿润。在幼苗期和莲座期能忍耐一定的干旱。当空气相对含水量在85%～90%和土壤相对含水量在75%～85%时，球茎甘蓝生长最好。土壤水分不足，则易引起球茎部叶片脱落，植株生长缓慢，肉质球茎小或成畸形而无商品价值。雨水过多也要及时排除田间积水。

4. 土壤

球茎甘蓝对土壤的适应性较强，在中性到微酸性（pH值5.5～6.5）的土壤中生长最好。球茎甘蓝生长过程中，需养分也较多，为获得优质高产，最好选用土层深厚、有机质含量高的肥沃土壤栽培。在不同生长过程中，氮、磷、钾要以适当比例配合使用，特别是一些必需元素，如镁和磷，若吸收不利，则球茎甘蓝生育受阻，根部病害也容易发生。

（四）类型与品种

1. 栽培类型

球茎甘蓝依球茎的色泽可分为绿白色、绿色及紫色3种（图8-1至图8-3），其中绿白色的品质较好。

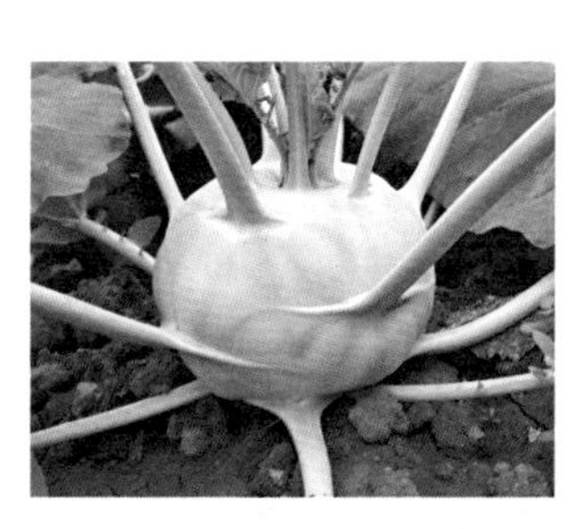

图8-1　绿白色球茎甘蓝

图8-2　绿色球茎甘蓝

图8-3　紫色球茎甘蓝

依球茎形状可分为圆球形和扁圆球形。圆球形（图 8-4）：球形指数（球茎纵径 / 球茎横径）约为 1，球茎圆球形，叶环间距较大，主要品种有早白。圆球类型的球茎甘蓝品种较少。扁圆球形（图 8-5）：球形指数小于 1，球茎扁圆球形，叶环间距较小，现全国球茎甘蓝主栽品种多为这种类型，主要品种有小缨子、捷克白、天津青苤蓝、扁玉头、狗头玉头、秋串、翠绿苤蓝等。

图 8-4　圆球形球茎甘蓝

图 8-5　扁圆球形球茎甘蓝

依球茎大小可分为小型种和大型种。一般小型种为早熟品种，大型种为中、晚熟品种。

依生长期的长短可分为早熟种、中熟种和晚熟种。早熟品种（从定植到收获 45 ～ 60 天）、中熟品种（从定植到收获 60 ～ 80 天）、晚熟品种（从定植到收获 80 天以上）。

2. 主要品种

（1）二叶子　早熟品种，从定植到始收 60 天左右。适于西南地区作春、夏、秋季栽培。每亩产量 2 000 多千克。植株较小，叶片细小而长，叶片仅有 14 片左右。球茎扁圆形，单球重 1.0 千克。

（2）沪芸1号　生长势强，平均株高51厘米，开展度60厘米，平均叶片数14张，最大叶长42厘米，叶宽20厘米，叶柄长12厘米，球茎扁圆，球色鲜艳，球面光滑，球横径14厘米，球高11厘米，单球重1.2千克。定植到采收为75天。

（3）早白　国外引进的早熟品种，从定植至球茎收获50～60天。适应性强，适于春、夏、秋季栽培，每亩定植3 000株左右，产量2 000～2 500千克。植株矮小，叶片小而狭长，叶柄细长。球茎圆球形，绿白色，品质好。平均单球重0.5～1.0千克。

（4）青县苤蓝　河北省青县地方农家早熟品种，从定植至球茎收获50～60天。适宜秋季栽培，叶簇较直立，植株高49厘米，开展度67厘米。叶片数约15片，叶面灰绿色，有一层蜡粉。叶呈长圆形，叶片长23厘米，宽12厘米，叶柄细长。球茎扁圆形，单球重0.7千克。球茎表皮浅绿色，肉质白色，细嫩，水分较多，味稍甜。

（5）翠宝1号　植株长势旺，株高50厘米，开展度55厘米，叶片直立，有效叶数12～13片，叶色灰绿，有蜡粉。球茎厚扁圆，横径14.5厘米，纵径9.4厘米，球色翠绿，表面光滑，叶痕小，皮薄。肉白色，口感脆甜，商品性好，单球重1.2千克左右，亩产量5 500千克左右。

（6）小缨子　早熟品种，从定植至球茎收获60天。适于各地四季栽培，亩产量3 000千克左右。株体较小，叶片小、稍尖，叶柄细。球茎扁圆形，平均单球重0.5～1.0千克。皮薄，肉质细嫩，品质好。

（7）天津青苤蓝　天津地方品种，从定植至球茎收获60～65天。适于春、秋季栽培，每亩定植5 000～6 000株，叶簇直立，植株生长健壮，不易抽薹。球茎扁圆形，外皮绿色，有少量白粉，皮薄、质脆、鲜嫩、品质好，单球重1.0千克左右。耐热、耐寒，适应性强。

（8）二路缨子　天津地方品种，从定植至球茎收获70～75天。适于天津市郊区春、秋两季栽培，每亩定植5 000株。植株高30厘米，开展度28厘米。叶片11～12片，淡绿色，上有蜡粉。球茎扁圆形，绿色，表面有蜡粉，平均单球重0.5千克。

（9）潼关苤蓝　陕西潼关地方晚熟品种，从定植至球茎收获150天。适于春秋两季栽培。植株高50厘米，开展度50～70厘米，叶片深裂。球茎大，扁圆形，纵径10～15厘米，横茎18～25厘米，皮光滑，外皮绿白色，肉质细密而脆嫩，品质好，耐贮藏。单球重2～3千克。

（10）青皮玉头　河北地方晚熟品种，从定植至球茎收获100天。适于秋季栽培，每亩产量3 500千克。植株较高大，生长势强，植株高50厘米，开展度56厘米，成熟时有大叶15片左右。球茎扁圆形，纵茎12.5厘米，横径19厘米，顶部向下凹，单球重1.7千克左右。球茎表皮浅绿色，肉质白色，脆嫩，水分较多，纤维少，味稍甜，品质好。耐热、耐盐碱。

（11）扁玉头　内蒙古地方晚熟品种，从定植至球茎收获120～130天。适应性强，适于西北高寒地区春季及其他地区四季栽培。每亩定植1 500～1 800株，产量3 000～4 000千克。植株较大，生长势强，植株高50～60厘米，开展度45～60

厘米。球茎扁圆形，表面光滑，叶痕明显，皮较薄，表面有蜡粉，球茎肉白色，肉质细致脆嫩，纤维少，含水分多，味甜，品质好。

（五）茬口安排与播种期

南方温暖地区除了炎热的夏季不能栽培，其他季节均可以栽培。在长江流域，春露地栽培一般在 3 月中下旬播种，如采用保护地育苗，一般在 2 月下旬至 3 月上旬播种，5 月中旬至 7 月下旬收获。春保护地栽培，一般 12 月至翌年 1 月育苗，2—3 月定植，4—5 月收获。秋露地栽培可在 6 月下旬至 8 月播种，10 月上旬至 11 月收获。球茎甘蓝在华北地区，可以春季和秋季两茬栽培，春季栽培用冷床或温床育苗，播种期 1 月上旬到 2 月上中旬；秋季栽培在 7—8 月育苗，5 ～ 7 片叶时定植（图 8-6 至图 8-8）。

图 8-6　球茎甘蓝露地栽培

图 8-7　球茎甘蓝地膜栽培

图 8-8　球茎甘蓝保护地栽培

（六）栽培技术

1. 秋季栽培技术

（1）播种育苗　秋季栽培多选用耐热、耐寒的中晚熟品种，早熟品种也能栽培，但产量较低。由于育苗正值气温较高又多暴雨季节，因此播种前应选地势高燥、排灌便利、土质疏松、肥沃的沙壤土做苗床。苗期管理参照其他甘蓝类蔬菜。

（2）定植　最好选择地势高燥、排灌方便、土壤疏松肥沃、前茬为非十字花科蔬菜的地块定植。定植前深翻晒土，施足基肥，整碎耙细后做高畦或半高畦。当幼苗具有 4 ～ 5 片真叶，苗龄 30 天左右时定植。秋季栽培，定植时正值高温季节，为提高成活率和缩短缓苗时间，一般要在阴天或者晴天傍晚进行定植。定植后及时浇水，第二、第三天根据天气情况每天浇 1 次水，以利成活。

（3）田间管理　秋季栽培，温度高，蒸发量大，要适当多浇水，以降温、保墒。但同时植株生长前期又常处于高温多雨季节，既要防旱，又要防涝。始终保持土壤见干见湿为好，在球茎膨大期，浇水一定要均匀，否则球茎易开裂或畸形。心叶不再生长、球茎接近成熟时，停止浇水，防止球茎破裂。

秋季气温从高转低，适合球茎甘蓝的生长，而且秋季栽培一般生育期长，产量高，因此需要充足的肥水条件，促进植株快速生长。定植活棵后，进行中耕、除草。追施稀粪或氮肥。形成叶环时施重肥，每亩追尿素 15 ～ 20 千克。球茎膨大期间，再追肥 2 次，每次施尿素 15 千克左右。可结合浇水冲施，以降低施肥浓度，以免球茎生长过猛，发生裂球。

（4）病虫害防治　球茎甘蓝主要病害有病毒病、黑腐病、霜霉病、猝倒病、根朽病、软腐病等。主要害虫有蚜虫、小菜蛾、菜青虫、黄条跳甲、地老虎等。主要防治措施参照结球甘蓝。这里介绍一下黄条跳甲和地老虎的防治措施。

① 黄条跳甲。黄条跳甲有 4 种，以黄曲条跳甲为主。成虫长约 2 毫米，体色黑，有光泽。善于跳跃。幼虫长约 4 毫米，呈长圆筒形，黄白色。成虫、幼虫均可危害球茎甘蓝。成虫咬食叶片，造成孔洞。幼虫只危害根部，蛀食根表皮形成许多弯曲虫道，咬断须根。

防治方法：及时清洁田园，清除杂草，消灭越冬、越夏害虫。播种、定植前深耕晒土，改变幼虫在地里的生存环境，不利其生活。加强田间检查，发现有虫，可用 40% 菊马乳油 2 000 ～ 3 000 倍液，或 20% 杀灭菊酯 2 000 ～ 3 000 倍液，或 90% 晶体敌百虫

1 000 倍液，或鱼藤精 800 ～ 1 000 倍液等，交替喷雾防治。幼虫危害时，可用上述药剂灌根。

② 地老虎。成虫体长 16 ～ 23 毫米，深褐色。幼虫体长 33 ～ 47 毫米，黄褐色至暗褐色，背面有两条淡色纵带。地老虎以幼虫危害幼苗，常将幼苗从茎部咬断，或咬食子叶、嫩叶。

防治方法：及时清除菜地杂草，深翻晒垡、冻土，减少虫源。利用糖醋液或黑光灯诱杀成虫。幼虫发生期，采新鲜泡桐树叶，水浸后于傍晚放入菜地，次日清晨捕杀。也可在早晨查看断苗，在断苗附近，扒开表土人工捕杀。3 龄前的幼虫可用 20% 杀灭菊酯 2 000 倍液，或 90% 晶体敌百虫 1 000 倍液，或 50% 辛硫磷乳油 800 倍液喷雾防治。也可用 2.5% 敌百虫粉剂按每亩 1.5 ～ 2.0 千克喷粉防治。对于高龄幼虫危害重的田块，可用 50% 辛硫磷乳油 1 000 ～ 1 500 倍液灌根。

（5）收获　用于鲜球茎供应市场，可适当早收。如果是供冬贮和加工用的晚熟品种，也可适当晚收，待球茎充分膨大时采收，以提高其加工质量。球茎甘蓝收获方法简单，收时用刀自球茎下根颈处砍断，打掉叶片，即可上市。

2. 春季栽培技术

（1）播种育苗　春季栽培要选用冬性强、不易未熟抽薹的早熟品种。播种时选避风向阳，土壤疏松、肥沃，水源方便，近 2 ～ 3 年未种过白菜、萝卜、甘蓝、花椰菜、油菜等十字花科作物的地块做苗床。冬前深翻冻垡，播种前 1 周施足基肥，再耕翻耙细，使土壤疏松，土肥混匀。做成 120 厘米宽的高畦。

播种前将苗床灌足底水，待水渗入土壤后撒播种子，也可条播。播完后，覆盖0.5～1.0厘米的细土。播种前1～2天，将种子用50 ℃温水浸泡15～20分钟，捞出晾干后播种，或者用相当于种子重量0.4%的福美双或代森锌拌种后播种。为防治蝼蛄等地下害虫，播种前，用50%辛硫磷乳油1 500～2 000倍液，适量浇灌床面，或播种后在床面上撒一层毒土，毒土配制用2.5%敌百虫粉剂2千克加10千克细土拌匀。再盖一层薄土后，在畦面上盖地膜，并加盖草帘保墒增温。在风大地区也可在苗床北面设风障。

出苗后，及时揭掉覆盖物。齐苗后如苗床湿度过大，需撒一层干细土，以降低苗床湿度，防止病害发生。春季播种气温较低，阳光也不太充足，苗床管理要兼顾温度和光照，出苗后苗床内白天温度控制在20～25 ℃，夜间温度控制在5～8 ℃，当床内幼苗出现徒长时白天中午应适当通风降温。球茎甘蓝是绿体春化作物，如苗期管理不当，致使幼苗生长过快，植株过早达到春化苗龄，幼苗易感受低温而通过春化阶段，从而会发生未熟抽薹现象。

（2）定植　定植前每亩施腐熟厩肥5 000千克，氮磷钾复合肥或过磷酸钙25～50千克，再耕翻，将肥土充分混匀，整碎耙平后做成高畦，可以防止积水漫根，避免球茎着地腐烂。基肥不足时，可于做畦后每亩撒施过磷酸钙30千克，尿素5千克或磷酸铵15千克，再将畦土挖松，搂平。

球茎甘蓝的外叶着生疏散，故要合理密植，根据不同品种特性，确定株行距。一般早熟品种由于球茎不大，以25～35厘米的株行距为宜，中晚熟品种株行距为35～45厘米。幼苗长至

5～7片真叶时定植，定植前1周要炼苗，起苗前将苗床浇透水，起苗时要带好土坨，栽植深度不宜过深或过浅，栽得过深，将影响球茎膨大，过浅则球茎又偏向一方生长，以致变成畸形。一般栽植的深度，都是以子叶齐平为标准。

（3）田间管理

① 浇水。定植以后及时浇定根水和缓苗水。春季栽培定植后，温度尚低，浇水量不宜过大，以后随着温度的升高，植株生长量加快，需加大浇水量并增加浇水次数。生长期间要保持土壤见干见湿，至球茎膨大时，浇水应均匀，灌水相隔的时间相差过大，或每次灌水量不均匀时，易使球茎生长时紧时松，最终长成失去商品价值的畸形球茎。特别在缺水过久的情况下，若遇大雨或灌水过多时，将使球茎开裂。待球茎心叶不再生长时，即已接近成熟，不再浇水，防止球茎破裂。

② 追肥。球茎甘蓝的食用器官主要由上胚轴膨大形成，早熟品种长出两片基生叶后，再生长出8片叶子，即形成1个叶环，此时球茎便开始膨大，靠这些叶片制造养分，供球茎膨大。中晚熟品种要靠第2～4个叶环的叶片制造养分供给球茎生长，因而中晚熟品种比早熟品种球茎大，产量高。根据这个特点，早熟品种追肥数量、次数可少点，而中晚熟品种生长期长，需肥量大，要追肥4～5次。春季栽培前期温度低，植株生长较慢，如基肥充足，到球茎开始膨大前一般可不追肥，球茎开始膨大及球茎膨大中期结合浇水每亩分别追施尿素15～20千克。一般当球茎达3厘米以后，追肥浓度要低，防止球茎生长过猛，发生裂球，影响品质和商品性。磷酸二氢钾能增进叶肉细胞持水能力，增强光

合作用，降低蒸腾量。在球茎膨大期，用0.3%的磷酸二氢钾水溶液喷施叶面2～3次，叶背面也应喷到，效果更好。

③ 中耕、培土及除草。球茎甘蓝定植灌水后，等土壤稍干时，即可锄地1～2次，并开始蹲苗。中耕可提高地温，促进根生长，减少水肥流失。灌水后，若发现植株倒地，应及时扶正，防止球茎贴地腐烂。

球茎甘蓝的莲座期比结球甘蓝短，外叶数也少，故蹲苗期不宜过长，特别是早熟品种应少蹲苗或不蹲苗。在球茎开始膨大时，结合中耕，可稍向球茎四周培土，但不能培土过深，使其始终直立向上生长。到生长后期，即莲座期叶已封垄时，停止中耕，如有杂草随时拔除。

（4）收获　当球茎甘蓝的球茎充分长大时即可收获。收获不易过迟，如太迟收获，常因高温的影响，导致肉质变硬，茎肉纤维增多、老化，品质降低。采收标准依品种而有所不同，为了获得最佳的经济效益，当球茎膨大到一定程度时，可根据市场提前收获上市。

3. 保护地栽培技术

（1）品种选择　春保护地提早栽培的品种应选择较耐低温的早中熟品种，如早白、小缨子等。也有少数地方进行秋冬保护地栽培，品种要选择适应性强，既耐热又耐寒的中晚熟品种，如呼市大扁玉头、秋串等。

（2）育苗　春保护地栽培，采用阳畦或温室育苗，适宜播期为12月至翌年1月中旬。播种期不能过早，播种过早，营养体过大，苗龄过长，易引起早期抽薹现象。秋冬季保护地栽培，适宜播期在9月上旬前后。早春育苗期间，气温低，光照弱，要利用阳光晒暖，依靠揭盖草帘和农膜进行温度调控。苗床温度白天控制在20～25℃，夜间控制在5～8℃，并适当扩大昼夜温差，防止幼苗徒长。当幼苗长至3片真叶左右时，按行株距6厘米的距离进行分苗。幼苗长至5～6片真叶时即可定植。秋冬保护地栽培，育苗方法可参照秋露地栽培育苗方法。

（3）定植　春保护地一般在2—3月定植，利用温室栽培可比塑料大棚提前半个月左右定植。定植前15天左右扣棚，烤地增温。秋冬保护地栽培一般在10月上中旬定植。定植前施足基肥，每亩施腐熟厩肥3 000～4 000千克，另加氮、磷、钾复合肥或过磷酸钙25～50千克，混匀后耙碎做畦。定植行株距根据品种特性确定，为提高产量，尽可能合理密植，每亩可栽苗3 500～5 000株。定植后要注意保温保湿，促进缓苗。当幼苗能正常生长后，要注意放风，降温、降湿，并加强中耕。

（4）肥水管理　球茎甘蓝定植后应及时浇定植水和缓苗水。早春温度较低，浇水量不易太大，要小水勤浇。幼苗正常生长后进行中耕蹲苗，到球茎开始膨大之前一般不要浇水施肥。当植株有10片叶左右、球茎直径达3～4厘米时方可开始施肥浇水，每亩结合浇水施尿素20千克左右。不宜过早追肥浇水，以免造成植株徒长。球茎膨大中期和后期结合浇水每亩分别追施尿素15～20千克，以满足球茎对肥水条件的要求。

在生长前期和中期，结合浇水中耕锄地2～3次，防止土表板结，减少水肥流失。到莲座期叶已封垄时，停止中耕，如见杂草随时拔除。

（七）贮藏与加工

球茎甘蓝较耐贮藏，秋、冬季采收后可贮藏到翌年春季，对调节春淡供应起着一定作用。球茎甘蓝贮藏适温为 1 ～ 3 ℃，空气相对含水量为 95% ～ 98%。温度越高，越不耐贮藏，还易导致球茎老化、生霉腐烂，商品价值降低。温度过低又会受冻害。球茎甘蓝在冬季轻霜后采收，选择充分膨大的球茎去叶进行贮藏。贮藏方法有堆藏、窖藏、沟藏等，最好利用冷库贮藏。

球茎甘蓝加工方法主要是腌制，腌制种类有酱渍、盐渍及盐水渍等。球茎甘蓝收获后，将肉质球茎充分洗净后削根去皮，将球茎剖成两半或切成条状、片状。然后根据销售目的加工。酱渍是将原料经盐水渍后，脱盐并脱水，再酱渍而成。盐渍是将原料放入缸中，用食盐盐渍 7 ～ 10 天后取出放入盆中，加上重石压出卤水，然后榨干水分后拌入调料而成。盐水渍是将原料放入盐水和调料的混合液中，盐腌处理 10 ～ 15 天后即可食用。

附录

1. 范围

本技术规范规定了甘蓝类蔬菜机械化生产技术的产地环境、品种选择、栽培模式、机械化生产的技术要点。

本技术规范适用于江苏省及生态条件相似的地区露地和设施栽培甘蓝类蔬菜。

2. 规范性引用文件

下列文件中的内容通过文中的规范性引用而构成本规范必不可少的条款。其中，注日期的引用文件，仅该日期对应的版本适用于本文件；不注日期的引用文件，其最新版本（包括所有的修改单）适用于本文件。

《农业机械试验条件　测定方法的一般规定》（GB/T 5262—2008）。

《旱地栽植机械》（GB/T 10291—2013）。

《聚乙烯吹塑农用地面覆盖薄膜》（GB 13735—2017）。

《瓜菜作物种子第 4 部分　甘蓝类》（GB 16715.4—2010）。

《日光温室和塑料大棚结构与性能要求》（GB 19165）。

《绿色食品　产地环境质量》（NY/T 391—2013）。

《蔬菜育苗基质》（NY/T 2118）。

《蔬菜穴盘育苗　通则》（NY/T 2119—2012）。

《蔬菜移栽机　作业质量》（NY/T 3486—2019）。

《喷雾机（器）作业质量》（NY/T 650—2013）。

《根茬粉碎还田机　作业质量》（NY/T 985—2006）。

《铺膜机　作业质量》（NY/T 986—2006）。

《残地膜回收机　作业质量》（NY/T 1227—2019）。

《高效灌溉施肥技术规范》（NY/T 2623—2014）。

《绿色食品　农药使用准则》（NY/T 393—2020）。

《绿色食品　肥料使用准则》（NY/T 394—2013）。

《绿色食品　包装通用准则》（NY/T 658）。

《绿色食品　甘蓝类蔬菜》（NY/T 746）。

《绿色食品　贮藏运输准则》（NY/T 1056—2006）。

3. 术语和定义

本技术规范没有需要界定的术语和定义。

4. 基本要求

4.1 环境条件

甘蓝产地环境土壤和灌溉水等条件，应符合《无公害农产品　种植业产地环境条件》（NY/T 5010—2016）的要求。

4.2 人员要求

操作人员应经过专业技术培训合格，熟悉安全作业要求、机具性能、调整使用方法及农艺要求；辅助人员应具备基本的作业和安全常识。操作时应严格遵守安全规则。

4.3 机具要求

各环节机具符合当地的农艺要求以及环境条件和设施条件的要求。机具应符合安全标准要求。所选拖拉机功率与配套机具和作业要求相匹配。机具作业前，应按照使用说明书要求对机具进行全面检查、调整和保养。按照农艺要求和作业模式调整好机具并进行试运行。

4.4 田块要求

具有一定规模、适合机械化作业。田块平整，土层深厚，排灌设施齐全。具备电路、道路等基本条件。

5. 品种选择

5.1 品种选用

根据甘蓝类蔬菜的种植区域和生长特点，选用适宜当地栽培且抗病、优质、丰产、抗逆性强、商品性状优良并且适宜机械收获的品种。甘蓝种子质量应符合《瓜菜作物种子第 4 部分　甘蓝类》（GB 16715.4—2010）的规定，且发芽率应不小于 98%。

5.2 种子处理

甘蓝类蔬菜商品种，不需前期处理，直接播种。

6. 生产技术

6.1 前茬处理

6.1.1 处理要求　清除上茬残留枝叶、杂草，废旧地膜全量回收。

6.1.2 配套机具　采用 40 马力（1 马力约等于 735 瓦）以上动力的拖拉机具配套秸秆粉碎机，作业幅度 90 ~ 120 厘米。推荐旋耕灭茬平整机、秸秆粉碎还田机等。

6.1.3 作业要求　尾菜秸秆粉碎长度小于 5 厘米，留茬高度低于 5 厘米，细碎率大于 90%，便于整地施肥。

6.2 育苗

6.2.1 育苗设施　根据栽培季节可在设施条件下或露地育苗；冬季采用塑料大棚育苗；夏季采用防雨遮阳防虫棚。在日光温室、塑料大棚内播种育苗，育苗设施符合相关规定。

6.2.2 穴盘选择　采用投苗式移栽，可根据品种特性和气候条件，采用 50 穴、72 穴或 128 穴的穴盘育苗；采用全自动机械化移栽，需使用专用钵苗穴盘，外形尺寸规格：632 毫米 ×315 毫米 ×35 毫米，钵穴尺寸为 23 毫米 ×35 毫米，钵穴数为 200 穴。

使用穴盘前必须彻底清洗消毒干净，严禁使用破损钵盘。

6.2.3 育苗基质　可使用商品育苗基质，也可以配制，一般使用草炭、椰糠和蛭石配制，草炭和蛭石的比例为 2 ∶ 1，添加适量的腐熟农家肥或复合肥，穴盘育苗的基质应具有良好的物理性状，pH 值在 6.0 ~ 7.0 之间，孔隙度范围在 70% ~ 90%；育苗基质符合相关规定，满足无土传病害、无有害物质的要求。

6.2.4 播种

6.2.4.1 播种期。应根据上市期和品种特性，选择适宜的播期，播种环境要求日温为 15 ~ 30℃，夜温为 5℃以上。

6.2.4.2 播种量。采用穴盘育苗，每穴播种 1 粒；根据品种特性和定植密度及种子千粒重确定用种量。

6.2.4.3 播种方法。人工播种，先调节基质含水量至 55% ~ 60%，即用手紧握基质，有水印而不形成水滴，然后装入穴盘，每个孔穴都装满基质；用喷壶或自动喷水器喷透水，再用“木钉板”在穴盘上压穴，穴深 0.5 厘米；然后每穴播一粒，播种后覆盖基质，刮板刮平，再均匀喷透水，以穴盘底部渗出水为宜，稍稍滤干后将育苗穴盘放置于苗床上。

采用成套育苗播种流水线，可一次完成基质装盘、压穴、播种、覆土、浇水作业。播种作业中，应注意检查吸种器是否堵塞、缺穴。

6.3 苗期管理

6.3.1 温度和水分管理　温度管理：出苗期适温 20 ℃左右。苗期白天最适温度为 25 ℃左右，夜间 8 ~ 10 ℃。

水分管理：播种后如果基质底水足，出苗前可不再浇水；否则应在覆盖（草帘、遮阳网）上喷水补足，苗期采用喷灌系统补水，以基质的含水量为 70% ~ 85% 为宜。

6.3.2 壮苗标准　植株健壮，植株大小均匀，真叶为 4 ~ 6 片叶，叶柄较短，叶片肥厚，叶丛紧凑，根系发达成坨，无病虫害。

6.4 定植前准备

6.4.1 施肥原则　按相关规定执行，限制使用含氯化肥。

6.4.2 施肥整地　根据土壤养分测定结果及甘蓝类蔬菜需肥特点，提倡平衡配方施肥。根据当地的气候特点和种植模式、农艺要求、土壤条件及地表覆盖植被、根茬状况，选择作业方式和时间。

6.4.3 作业机具　基肥施肥机具推荐采用40马力以上动力的拖拉机配套有机施肥机或自动走式撒肥机。整地起垄机具推荐40马力以上动力的拖拉机配套旋耕机耕翻整地，采用多功能田园管理机起垄，机具应符合安全标准要求。

6.4.4 耕整地作业要求

施肥作业前根据设施及栽培方式，调整撒肥宽度，肥料撒施均匀，避免重施、漏施；作业中应保持匀速直线行驶，避免中途停机和变速行驶。作业时为保证转弯时安全，应留有适当的地头长度。

耕整作业时应保持匀速前进，一般以低二挡操作，深度不低于15～20厘米，土壤细碎、疏松，碎土率在90%以上。

秸秆粉碎还田后可按还田秸秆量的0.5%～1.0%增施氮肥或适量腐熟剂。

结合定植方式，确定起垄或开沟，垄（畦）高15～20厘米，垄顶宽80～160厘米，沟宽大于20厘米，要求垄（畦）行排列整齐，垄面平整，垄型饱满整齐。

采用覆膜种植的田块，地膜的最小标准厚度不得小于0.01毫米，膜宽根据垄(畦)型合理选择。铺膜作业应符合《铺膜机　作业质量》（NY/T 986—2006）的要求。

6.5 定植

6.5.1 定植时间　地温稳定在5 ℃以上时皆可定植。不同季节、不同栽培模式下，到有效积温的时间不同。根据品种的生育期及上市时间，确定定植时间。

6.5.2 秧苗　秧苗符合本规范“6.3.2”节壮苗要求，适用于膜上移栽。

6.5.3 机具要求　根据需要选用半自动或全自动移栽机。移栽机应能调节移栽行距、株距和深度，机具各项性能指标应符合《旱地栽植机械》（GB/T 10291—2013）的规定。

6.5.4 定植密度　定植密度应根据品种特性、气候条件和土壤肥力等确定，以当地栽种密度为基准确定机械化种植密度。

6.5.5 行株距　为保证种植密度和适于机械收获，宜采用宽窄行种植，行距不低于40厘米，株距根据品种特性确定。

6.5.6 作业质量　移栽深度符合当地农艺要求，将穴盘苗基质块覆盖为宜。移栽机的漏栽率、移栽合格率、邻接行距合格率、株距合格率等作业指标应符合《蔬菜移栽机　作业质量》（NY/T 3486—2019）的要求。

6.6 田间管理

6.6.1 作业条件　按甘蓝类蔬菜各生长期需水、需肥规律。结合当地农艺要求合理进行灌溉、施肥、中耕、培土及病虫草害的防治。

6.6.2 机具要求　根据作业方式合理选配机具或装备，各机具或装备应符合安全标准要求。

6.6.3 作业要求　宜用水肥一体化技术。可采用膜下滴灌、喷灌等高效灌溉技术和装备，做到旱能灌，涝能排。施肥应符合《高效灌溉施肥技术规范》（NY/T 2623—2014）的规定。

7. 病虫害防治

7.1 主要病虫害

病害以霜霉病、黑腐病、软腐病、菌核病、猝倒病、立枯病等为主；虫害以小菜蛾、菜青虫、蚜虫、夜蛾科害虫为主。

7.2 病虫害防治原则

贯彻“预防为主，综合防治”的植保方针，优先采用农业防治、物理防治、生物防治，配合科学合理地使用化学防治，将有害生物的危害控制在允许的经济范围内，达到生产安全、优质的绿色食品目的。

7.3 农业防治

实行 3 ～ 4 年轮作；选用抗病品种；创造适宜的生长环境条件，培育适龄壮苗，提高抗逆性；控制好温度和空气湿度；测土平衡施肥，施用经无害化处理的有机肥；深沟高畦，严防积水；在采收后将尾菜和杂草、地膜及时清理干净，集中进行无害化处理，保持田间清洁。

7.4 物理防治

定植前，可选用臭氧消毒器进行棚室消杀；用黄板诱杀蚜虫、粉虱等小飞虫；采用悬挂迷向信息素散发器丝，扰乱鳞翅目害虫的交配，达到降低虫口密度，用防虫网密封阻止害虫迁入；用频振式诱虫灯诱杀成虫。

7.5 生物防治

保护、利用天敌，防治病虫害。使用苦参碱、印楝素、小檗碱等植物源农药和白僵菌、枯草芽孢杆菌、苏云金杆菌（Bt）、核型多角体病毒等微生物源农药以及氨基寡糖素、几丁聚糖等生物化学产物源农药防治病虫害。

7.6 化学防治

药剂防治应严格执行《绿色食品　农药使用准则》（NY/T 393—2020）的规定。

7.7 药剂防治方法及机具

7.7.1 防治方法　药剂防治，棚室采用烟熏、喷雾，露天采用喷雾作业。

7.7.2 机具选择　棚室采用烟熏剂，背负式喷雾机、背负式喷杆喷雾机或者烟雾机；露天采用弥雾机、自走式高地隙喷杆喷雾机进行作业，也可推广应用无人机防治。喷雾机（器）作业质量应符合《喷雾机（器）　作业质量》（NY/T 650—2013）的规定。

7.7.3 作业要求　要求雾化好，飘移少，附着性好。

8. 采收

根据生长情况和市场的需求，可陆续采收上市，产品质量应符合要求。采收后按照大小、形状、品质进行分类分级。采收机具适合当地土壤类型、黏重程度和作业要求。应选割台宽度尺寸与种植行距相适应的收获机具。

9. 生产废弃物处理

废弃物处理应要做到废弃物的资源化利用，严格采用菜帮、落叶等高温堆肥，短期发酵还田，洁净老叶、菜帮作饲料等措施；废旧农膜、农药包装、化肥包装、产品包装等废弃物全量回收。

根据需要和可能，可以使用蔬菜粉碎机、残膜回收机进行尾菜、残膜收集处理。

10. 包装、贮运

10.1 包装

使用分级包装机或套袋机，按标准分级包装，根据销售需要装箱。包装物整洁、透气、牢固，包装应符合相关要求。

10.2 贮运

贮藏温度控制在 2 ~ 10 ℃，相对含水量控制在 85% ~ 95%。贮藏场所清洁、卫生、通风，严禁有毒物质污染，应符合相关要求。

长途运输前应进行预冷，运输过程中注意防冻、防晒、通风等。

11. 建立生产档案

建立并保存相关生产档案，记录内容主要包括肥水管理、病虫害防治、产品管理、包装、销售，以及产品销售后的申诉、投诉处理等，为生产活动可追溯提供有效证据。生产档案至少保存三年。

12. 农机社会化服务

适合机械化育苗、栽培的区域，推进育苗、施（基）肥、耕整地、移栽、灌溉（水肥一体）、植保、收获、生产废弃物处理等环节的农机社会化服务；以育苗工厂、农机专业户、农机合作社为组织架构，使用相应的农业机械来完成相应作业，提高农机的使用效率和蔬菜生产机械化水平，减少成本，提高甘蓝类蔬菜生产经营效益。